中国地质调查成果 CGS 2015-066

中国地质调查"珠三角地区北西向活动断裂调查评价"项目（1212011140032）资助

珠江三角洲北西向主要断裂活动性与构造演化

董好刚　黎义勇　路　韬　曾　敏
黄长生　张宏鑫　赵信文　　　　　著

中国地质大学出版社
ZHONGGUO DIZHI DAXUE CHUBANSHE

内 容 摘 要

本书是国土资源灾害预警项目"珠三角北西向活动断裂调查评价"项目的成果深化与总结,全书共分7章。为了深入研究该区断裂的空间分布,科学解释断裂的第四纪活动性,我们选取了控制珠江三角洲北西向边界的沙湾断裂、西江断裂及北东向的广从断裂西淋岗出露的第四纪错断面等代表性断层及露头进行了地质地貌填图、浅层地震探测、联合钻孔验证、探槽开挖和第四纪地层年代测定等工作,基本查清了该区上述断裂的主要分布范围,对沙湾断裂和西江断裂的第四纪活动性进行了客观评价,对广东省国计民生影响较大的广从断裂西淋岗段的第四纪活动性进行了研究。在此基础上,通过节理统计、第四系厚度等值线分布、构造活动年代学数据等构造解析的手段,结合区域构造背景,探讨了珠三角经济区第四纪构造活动的特征和演化,并对第四纪活动序次和演化进行了分期。

上述工作进一步确定了部分断裂的活动性,如西江断裂、沙湾断裂属弱活动断裂,广从断裂西淋岗段则为非活动断裂,这些认识对于该区地震地质认识的发展,对该区国土功能区划和防灾减灾无疑具有较大的参考价值。

图书在版编目(CIP)数据

珠江三角洲北西向主要断裂活动性与构造演化/董好刚等著.—武汉:中国地质大学出版社,2015.11

ISBN 978-7-5625-3732-8

Ⅰ.①珠…
Ⅱ.①董…
Ⅲ.①珠江三角洲-第四纪地质-构造活动性-研究
Ⅳ.①P534.63

中国版本图书馆 CIP 数据核字(2015)第 241450 号

珠江三角洲北西向主要断裂活动性与构造演化	董好刚　黎义勇　路　韬　曾　敏　等著
	黄长生　张宏鑫　赵信文

责任编辑:李　晶	责任校对:张咏梅
出版发行:中国地质大学出版社(武汉市洪山区鲁磨路388号)	邮政编码:430074
电　　话:(027)67883511　　　传　　真:67883580	E-mail:cbb@cug.edu.cn
经　　销:全国新华书店	http://www.cugp.cug.edu.cn
开本:880mm×1230mm 1/16	字数:341千字　印张:10.75　插页:1
版次:2015年11月第1版	印次:2015年11月第1次印刷
印刷:武汉中远印务有限公司	印数:1—1 000册
ISBN 978-7-5625-3732-8	定价:268.00元

如有印装质量问题请与印刷厂联系调换

序

珠江三角洲经济区是我国经济最发达的地区之一，在全国经济社会发展和改革开放大局中具有突出的带动作用和举足轻重的战略地位。珠江三角洲位处环太平洋地震带，其内分布有多条不同方向的区域性基底断裂，控制着三角洲盆地的形成和演化。

珠江三角洲内大多数断裂为隐伏断裂，断裂活动的信息主要通过物探和钻探工作获得，是否存在晚第四纪活动断裂存在分歧。从现有资料看，珠江三角洲未发现切割晚第四纪断裂的直接证据，也无≥6级历史地震记录，现代地震活动微弱，地震基本设防烈度为Ⅵ—Ⅶ度，是地壳相对稳定的区域。另一方面，一些学者强调基底断裂的活化及其对第四纪沉积盆地和水系的控制作用，认为断块型三角洲地区 $4\frac{3}{4}$ 级以上的破坏性地震的分布与断裂活动相关。

珠江三角洲地区断裂的第四纪活动性的真实情况，关系到该地区城市安全和经济社会的可持续发展，关系到区域地震设防烈度和防震减灾战略体系的重建。因此，该区断裂的第四纪活动性问题得到了省政府和相关科研单位的高度关注。为了深入研究断裂性质，科学解释断裂成因，武汉地质调查中心的科研人员，选取控制珠江三角洲北西向边界的西江断裂、沙湾断裂以及对西淋岗出露的第四纪错断面等进行了地质地貌调查、探槽开挖、浅层地震探测、大比例尺地质地貌填图和第四纪地层年代测定等工作，对断裂的活动性进行了客观评价，特别是对广东省影响较大的西淋岗出露的第四纪错断面的成因进行了深入解剖，否定了该断裂的第四纪活动性，该项成果得到了广东省国土规划部门和地震局相关专家的高度肯定，已经在相关国土规划中得到应用。

该书的另一特色是通过节理统计、第四系厚度等值线分布、构造活动年代学数据等构造解析的手段，结合区域构造背景，探讨了珠三角经济区第四纪构造活动的特征和演化，并对第四纪活动序次和演化进行了分期。从已有文献看，这方面的研究还少之又少，因此，上述工作对于珠三角地区区域性断裂活动性研究，对于该区地震地质的研究都具有重要意义。当然，从区域研究深度的角度来说，上述工作还远远不够，作者取得的一些结论也需进一步推敲；但依此为契机推动该区断裂活动性更深入的调查研究、评价，更好地服务该区国土规划和经济建设，该书作为抛砖引玉性的工作值得肯定和借鉴。

2015 年 10 月

前　言

本书是国土资源灾害预警项目"珠三角北西向活动断裂调查评价"项目的成果深化与总结。

珠江三角洲经济区是我国经济最发达的地区之一，包括广州、佛山、中山、珠海、东莞、深圳六市和香港、澳门两个特别行政区，面积为41 698km^2，常住人口达4437万，在全国经济社会发展和改革开放大局中具有突出的带动作用和举足轻重的战略地位。珠江三角洲位处环太平洋地震带，其内分布有多条不同方向的区域性基底断裂，控制着三角洲盆地的形成和演化。

珠江三角洲内大多数断裂为隐伏断裂，断裂活动的信息主要通过物探和钻探工作获得，是否有晚第四纪活动断裂存在分歧。从现有资料看，珠江三角洲未发现切割晚第四纪断裂的直接证据，也无≥6级历史地震记录，现代地震活动微弱，地震基本设防烈度为Ⅵ—Ⅶ度，是地壳相对稳定的区域（马浩明等，2007；刘尚仁等，2008）。另一方面，一些学者强调基底断裂的活化及其对第四纪沉积盆地和水系的控制作用，认为断块型三角洲地区4$\frac{3}{4}$级以上的破坏性地震的分布与断裂活动相关（黄镇国等，1982；黄玉昆等，1983；陈国能等，1995；Chen Guoneng et al，2002；陈伟光等，2002）。

珠江三角洲地区断裂的第四纪活动性的真实情况，关系到该地区城市安全和经济社会的可持续发展，关系到区域地震设防烈度和防震减灾战略体系的重建。因此，珠江三角洲经济区断裂的第四纪活动性问题得到了当地政府和相关科研单位的高度关注，"珠三角北西向活动断裂调查评价"项目立项的背景和依据正来源于此。项目的总体目标任务是在深入分析珠江三角洲经济区大地构造背景的基础上，重点调查研究新构造运动的表现特征及其时空演化规律，查明北西向活动断裂的地质构造和稳定性特点，为重大工程规划布局和建设提供依据。

为了深入研究该区断裂的空间分布，科学解释断裂的第四纪活动性，我们选取控制珠江三角洲经济区北西向边界的沙湾断裂、西江断裂及北东向的广从断裂西淋岗出露的第四纪错断面等代表性断层及露头进行了地质地貌填图、浅层地震探测、联合钻孔验证、探槽开挖和第四纪地层年代测定等工作，基本查清了该区北西向断裂的主要分布范围，对沙湾断裂和西江断裂的第四纪活动性进行了客观评价，否定了对广东省国计民生影响较大的广从断裂西淋岗段为第四纪活动性断裂的结论。以上研究成果得到了邓启东院士及广东省较多专家的认可。在此基础上，通过节理统计、第四系厚度等值线分布、构造活动年代学数据等构造解析的手段，结合区域构造背景，探讨了珠三角经济区第四纪构造活动的特征和演化，并对第四纪活动序次和演化进行了分期。

上述工作进一步确定了部分断裂的活动性，如西江断裂、沙湾断裂属弱活动断裂，广从断裂西淋岗段则为非活动断裂，这些认识对于该区地震地质认识的发展，对该区国土功能区划和防灾减灾无疑具有很多的参考价值。当然，我们也深知，该区断裂的第四纪活动性问题远比想象中的复杂，比如缺乏切割第四纪地层的直接证据，这是硬伤，这项工作还需后人深入调查研究；利用测年等手段对该区第四系活动性分期是否科学也需要进行更深入探讨。

作为探索性研究该区断裂的第四纪活动性，并试图对其活动性进行分期和构造特征演化进行研究，我们仅仅做了抛砖引玉的工作，其余工作还需要他人更多的努力。

项目进行和完成本书的过程中得到了中国地震局地质研究所邓启东院士、中国地质大学（武汉）周爱国教授和李长安教授、广东省地震局郭良田博士、武汉地质调查中心鄢道平副所长、武汉地质调查中心项目办金维群教授级高工、广东省地质局梁池生教授、中国地质科学院地质研究所谭成轩研究员等的诸多指导和帮助，在此一并表示感谢！

董好刚

2015年9月

目 录

第一章 区域地质背景 (1)

第一节 地形地貌 (1)
第二节 前第四纪地层及岩浆岩 (2)
一、前第四纪地层 (2)
二、岩浆岩 (6)
第三节 地质构造 (7)
一、褶皱构造 (7)
二、断裂构造 (8)
第四节 区域地球物理场特征 (9)
一、布格重力异常特征 (9)
二、航磁异常特征 (11)
三、地壳结构与莫霍面形态 (12)
第五节 新构造运动及地震 (13)
一、新构造运动特征及单元划分 (13)
二、断裂活动 (15)
三、断块差异升降运动 (15)
四、地热活动 (15)
五、地震 (16)

第二章 珠江三角洲第四纪地质地貌特征 (18)

第一节 第四纪地层形成时代及岩性特征 (18)
一、第四纪沉积年代学特征 (18)
二、第四纪地层岩性特征 (22)
三、珠江三角洲第四系典型剖面 (27)
四、第四系之下普遍发育网纹红土——准平原标志 (31)
五、珠江三角洲地区第四纪沉积环境 (31)
第二节 珠江三角洲第四纪主要地貌体特征和形成时代 (33)
一、河流阶地 (33)
二、番禺五级台地 (35)
三、海蚀阶地和平台 (36)

第三章 西江断裂的基本特征与第四纪活动性 (38)

第一节 西江断裂带组成及分布 (38)
第二节 西江断裂带主要特征 (39)
一、地形地貌 (39)

二、断裂带几何特征 …………………………………………………………… (39)
　　三、西江断裂及分支主要露头特征 …………………………………………… (40)
第三节　西江断裂第四纪活动性分析 ……………………………………………… (52)
　　一、西江断裂周边第四纪地貌特征 …………………………………………… (52)
　　二、断裂与第四纪地层的切割关系 …………………………………………… (56)
　　三、断裂近期活动性的跨断层联合钻孔剖面解析 …………………………… (60)
　　四、讨论与结论 ………………………………………………………………… (64)

第四章　沙湾断裂带特征及其活动性 ……………………………………………… (67)

第一节　沙湾断裂带组成及主体分布 ……………………………………………… (68)
　　一、断裂带组成 ………………………………………………………………… (68)
　　二、主体分布 …………………………………………………………………… (68)
第二节　沙湾断裂带的主要特征 …………………………………………………… (69)
　　一、地貌特征 …………………………………………………………………… (69)
　　二、地层岩性 …………………………………………………………………… (70)
　　三、断裂带几何特征 …………………………………………………………… (70)
　　四、沙湾断裂带主要露头及特征 ……………………………………………… (71)
　　五、小结 ………………………………………………………………………… (84)
第三节　沙湾断裂隐伏部位探测 …………………………………………………… (84)
　　一、引言 ………………………………………………………………………… (84)
　　二、物探探测 …………………………………………………………………… (86)
　　三、土壤氡气探测 ……………………………………………………………… (94)
　　四、联合钻孔验证 ……………………………………………………………… (98)
第四节　沙湾断裂带运动学特征 …………………………………………………… (106)
第五节　沙湾断裂第四纪活动性分析 ……………………………………………… (107)
　　一、断裂及其周边第四纪地质地貌特征 ……………………………………… (107)
　　二、第四纪活动性的年代学测定 ……………………………………………… (113)
　　三、跨断层土壤氡气测量 ……………………………………………………… (113)
　　四、典型构造解析 ……………………………………………………………… (114)
　　五、历史地震 …………………………………………………………………… (120)
　　六、讨论与结论 ………………………………………………………………… (120)

第五章　广从断裂西淋岗段第四纪活动性讨论——对佛山西淋岗错断构造成因的再认识 ……………………………………………………………………………… (122)

　　一、地貌和第四系 ……………………………………………………………… (123)
　　二、第四纪滑动构造的深部表现 ……………………………………………… (125)
　　三、西淋岗地表错断变形的成因分析 ………………………………………… (129)
　　四、结论 ………………………………………………………………………… (130)

第六章　构造活动特征及演化 ……………………………………………………… (131)

第一节　构造应力场分析 …………………………………………………………… (131)
　　一、区域构造应力场特征及演化 ……………………………………………… (131)

二、研究区新构造运动的大陆动力学背景 …………………………………………（131）

　　三、节理裂隙统计分析 ………………………………………………………………（134）

　第二节　第四系堆积厚度及形变 …………………………………………………………（145）

　　一、区域第四纪地层 …………………………………………………………………（145）

　　二、第四纪沉积厚度对比 ……………………………………………………………（150）

　　三、地壳升降速率阶段划分 …………………………………………………………（152）

　第三节　构造活动序次及演变 ……………………………………………………………（152）

第七章　结论及建议 ……………………………………………………………………………（157）

主要参考文献 ……………………………………………………………………………………（160）

第一章　区域地质背景

第一节　地形地貌

珠江三角洲(也称"珠三角")位于我国广东省中南部,南中国海北岸,是由西江、北江、东江等在珠江河口湾内堆积形成的复合三角洲。该区地形北高南低,山地丘陵和台地广布,珠江三角洲即镶嵌在这种地形背景之中。第四纪晚期以来,受海侵和新构造运动的影响,珠江三角洲地区呈现溺谷型港湾海岸景观,西、北、东三面环山,南面临海。在湾内分布着许多棋盘状的残丘和岛屿,形成独特的地形格局。在现代三角洲前缘海区的外缘仍有许多北东向的列岛,形成三角洲的口门屏障。列岛以外为广东中部沿海的大陆架,陆架宽度约240km,外缘水深190m,平均坡降为0.8×10^{-5}。

丘陵、山地(高程大于250m)和台地(高程小于20m)分别占三角洲的13.27%和6.13%。这些基岩山丘、台地和岛屿散布在三角洲平原和近岸海域,是珠江三角洲的地貌特征之一。东边的大岭山、羊台山等是莲花山山脉的余脉,北边的白云山、魔星岭等是罗浮山、九连山山脉的余脉,西边上有皂幕山、古兜山等。这些山地、丘陵的走向多与北东向构造线一致,又被北西向构造线所交切,地形破碎。一般海拔高度为500m,相对高度为100~300m,分布有300~350m及200m的两级剥蚀面,还存在40~50m、20~25m及3~10m的三级阶地或台地。三角洲外围的西江、北江、东江河岸平原,以多汊道及积水洼地为特色,这种汊道是洪泛的产物,与河流进入受水盆射流而成的三角洲放射状网河汊道不同。三角洲平原上有160多个岛丘突起,表现为丘陵、台地、残丘,约占三角洲总面积的1/5,可能为过去的海岛。

网河十分发育是珠江三角洲平原地貌的另一个特征。珠江三角洲的河流主要为珠江水系,它可以分为西、北、东三源,而以西江为最远。西江发源于云南省东部沾益县境,干流长2129km,途经滇桂、广西壮族自治区中部,经肇庆穿过羚羊峡,注入珠江三角洲,西江主干流经磨刀门入海;分支向东,与北、东两江相通。北江由武水、浈水合流而成,途经许多峡谷,最后穿过清远县飞来峡,在芦苞附近入三角洲。北江干流流经三水,在蕉门—洪奇沥一带入海,部分水流注入狮子洋。东江源出于江西南部,途经龙川、惠阳,在东莞市石龙附近入三角洲,然后经狮子洋入海。潭江则独自经崖门,注入黄茅海。珠江流域面积约425 700km²,占我国总面积的4.4%。珠江河网的主干水道,如顺德水道,沙湾水道,鸡鸭水道,东、西海水道和磨刀门水道通过本区。还包括了珠江8个入海口门中的4个,即虎门、蕉门、洪奇沥和横门及其出海水道,称东四口门(图1-1)。

平原主要有高平原、低平原、积水洼地(望田)、基水地(基塘)4种地貌类型。根据其演进过程的空间位置和边界,以及相关的动力系统,有学者将珠江三角洲中部平原分成番禺平原、顺德平原和大鳌平原等子平原。

综合该区域地貌分析,其具有如下特点(曾昭璇,2012)。

(1) 发育在华南型山地港湾海岸上的三角洲。珠江三角洲发育在华南型山地港湾海岸的溺谷湾中。该区海岸的构造特点是在"多"字形构造影响下所成的海岸类型。它既有深入内陆的港湾(如沙埕港、象山港等),也有平行于海岸的港湾(如深圳港、香港沙田港、陀螺水道等)。因此,不但沿岸交通便利,而且内陆与远洋的航运也很方便。在西北-东南断裂构造影响下,形成了西江正干的磨刀门水道和珠江正干(狭义)的狮子洋水道等。受东北-西南构造影响的山地和丘陵主要有市桥台地、顺德丘陵、江门丘陵,这些台地及丘陵横贯西北江三角洲的中部,并被西江和珠江穿过。

(2) 具有众多山丘的三角洲。由于珠江三角洲是发育在两组构造交截作用下的山地港湾海岸中,

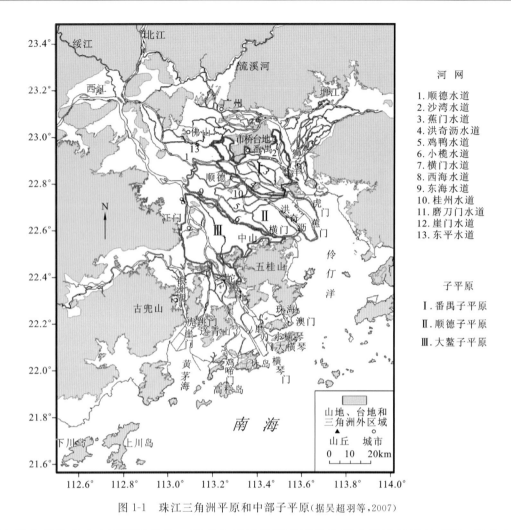

图 1-1　珠江三角洲平原和中部子平原(据吴超羽等,2007)

故海湾中散布着许多大小不等的岛屿。后来由于三角洲平原的堆积才使这些岛屿相连,后者也成了高出三角洲之上的山丘。组成山丘的岩石包括古火山岩、花岗岩、变质岩之外,还有红色砂砾岩。由它发育所成的丘陵如番禺的莲花山,所成的"丹霞地貌"如虎门的大虎山和小虎山,两者为两个丹崖峭壁的岛屿,像两只老虎蹲守在狮子洋出口。

(3) 具有"门"地貌特色的三角洲。由于三角洲上山丘众多,相邻山丘之间的缺口即"门"又为水道所经。今天的珠江三角洲仍有不少被山丘挟持的河口,故有"八门出海"之称。八门是指虎门、蕉门、横门、洪奇沥、磨刀门、鸡啼门、虎跳门、崖门。"门"的形成位置往往是断层经过的地点。目前珠江三角洲各大出海的河口,多为"门"的所在地。三角洲地貌的发育也受"门"的地貌影响。

第二节　前第四纪地层及岩浆岩

一、前第四纪地层

根据1∶25万广州市幅和江门市幅区域地质调查资料,以及其他区域地质成果,研究区出露的地层由老至新有元古宇(Pt)、震旦系(Z)、寒武系(∈)、泥盆系(D)、石炭系(C)、二叠系(P)、三叠系(T)、白垩系(K)、古近系(E)和第四系(Q)(表1-1)。现简述如下。

表1-1 研究区地层层序简表

界	系	统	组（群）	地层代号	岩性组合
新生界	第四系	全新统	桂州组	Qhg	主要分4层：第一层粉砂质黏土、粉砂质淤泥、泥炭，厚约1～17m；第二层中细砂、淤泥质粉细砂、粉砂质黏土，厚约1～24m；第三层淤泥、淤泥质黏土砂、砂砾、含砾黏土质砂，厚约3～22m；第四层淤泥质粉细砂，富含腐殖质、蚝壳及海相生物碎屑，厚约1～23m
		更新统	礼乐组	Qp_3l	主要分3层：第一层花斑状杂色黏土、砂质黏土，厚1～14m；第二层灰色、灰黑色砂质黏土、黏土、黏土质粉砂，厚约1～22m；第三层灰色、灰黄色砂、砂砾、黏土质砂，厚约1～20m
			白坭组	Qp_2bn	棕红色、土黄色卵砾石、砂砾，含砾砂层（55.9～18万年），厚1～36m
	古近系	始新统	华涌组	E_2h	砂砾岩、含砾砂岩、砂岩、粉砂岩、泥岩及火山碎屑岩、流纹岩、粗面岩、玄武岩，含介形虫。厚255.9～1101.1m
			宝月组	E_2by	钙质泥岩、粉砂岩、砂岩与砂砾岩、含砾砂岩互层，含介形虫。厚136～1139m
		古新统	㙟心组	$E_{1-2}b$	钙质泥岩、泥灰岩、粉砂岩、砂岩互层，夹含砾砂岩、劣质油页岩，含膏钙质泥岩和岩盐，含哺乳类。厚105.2～938.8m
			莘庄村组	E_1x	砾岩、砂砾岩、含砾砂岩及泥岩、粉砂岩，夹泥灰岩和石膏层，含鱼类。厚42.3～535.5m
中生界	白垩系	上白垩统	大塱山组	K_2dl	砂砾岩、含砾砂岩、砂岩与砂砾岩、粉砂质泥岩互层，含介形虫。厚69.2～517.1m
			三水组	K_2ss	砾岩、砂砾岩、砂岩及粉砂岩、粉砂质泥岩，夹钙质泥岩、泥灰岩，含脊椎动物化石
		下白垩统	白鹤洞组	K_1bh	粉砂岩、粉砂质泥岩互层，夹砂岩、泥灰岩、灰岩和石膏薄层，含叶肢介。厚214.3～970.8m
			百足山组	K_1b	砾岩、砂砾岩，夹凝灰质砂砾岩、砂岩和少量凝灰岩，含叶肢介。厚769.3～1270m
	三叠系	上三叠统	小坪组	T_3x	含砾砂岩、砂岩、粉砂岩、泥岩，夹砂砾岩和煤层，含植物。厚111～1342.6m
			红卫坑组	T_3hw	石英砂岩、黑色页岩互层，夹少量含砾砂岩、粗粒砂岩、碳质页岩，含植物。厚882.5～961m
		下三叠统	大冶组	T_1d	灰岩、泥灰岩及粉砂岩、泥岩，含双壳类。厚度>163.1m
古生界	二叠系	上二叠统	圣堂组	P_2st	含深红色铁质小结核的粉砂岩、粉砂质页岩与细砂岩、长石石英砂岩互层，夹少量碳质页岩，含植物化石。厚度>248.8m
			沙湖组	P_2sh	常具蓝色铁质斑点的砂岩与粉砂岩、粉砂质页岩互层，底常为长石石英粗砂岩或凝灰岩（常相变为铝土质岩），局部夹碳质页岩及薄煤层，含腕足类和植物化石。厚188.5m
		下二叠统	童子岩组	P_1t	下部砂岩、粉砂岩、粉砂质页岩互层，夹碳质页岩、铝土质岩及煤，含植物化石；上部长石石英砂岩、粉砂岩、泥岩，夹泥灰岩，含腕足类、双壳类、珊瑚等。厚290.3m
			孤峰组	P_1g	砂岩，常含菱铁质、磷硅质结核，夹细砂岩、泥岩及泥灰岩，底部常为硅质岩，含菊石及腕足类等。厚203.7m
			栖霞组	P_1q	灰色、灰黑色灰岩，常含燧石结核，夹碳质页岩，含蜓类及腕足类等。厚145.3～222m

续表 1-1

界	系	统	组（群）	地层代号	岩性组合
古生界	石炭系	中、上石炭统	壶天群	$C_{2-3}Ht$	灰岩，下部常含白云质，与含燧石结核灰岩互层，局部夹细砂岩、砂质页岩，中部夹角砾状灰岩，含䗴类。厚度>173m
		下石炭统	曲江组	C_1q	硅质岩、细砂岩、粉砂岩、页岩，常夹薄灰岩，含菊石、珊瑚及腕足类等。厚47m
			测水组	C_1c	砂质页岩、砂岩互层，夹砂砾岩、含砾砂岩、铁质砂岩、碳质页岩及煤，含植物化石及腕足类等。厚145.3~237m
			石磴子组	C_1s	灰岩，下部常与白云质灰岩互层；上部常夹砂岩、页岩薄层，含珊瑚、腕足类。厚43~277m
			大赛坝组	C_1ds	粉砂岩、泥质粉砂岩，夹细砂岩、页岩，含植物化石、珊瑚。厚度>409.1m
	泥盆系	上泥盆统	长垭组	D_3C_1c	灰岩、泥质灰岩、钙质页岩，夹粉砂岩、页岩，含珊瑚、腕足类。厚110~181m
			帽子峰组	D_3C_1m	粉砂岩与页岩、细砂岩互层，夹含砾砂岩、含铁质砂岩，含腕足类、植物及鱼化石等。厚度>847.1m
			天子岭组	D_3t	灰岩，顶底常含砂质泥质，局部含碳质泥岩，含腕足类。厚22~400m
			春湾组	D_3c	粉砂岩、泥质粉页岩，夹细砂岩、页岩，含双壳类、鱼类等。厚度>261m
		中泥盆统	老虎头组	D_2l	石英砂岩与杂砂岩互层，夹粉砂岩、板状页岩，含细砾砂岩。厚355~1960m
			杨溪组	D_2y	下部复成分砾岩、砂砾岩、含砾砂岩夹砂岩；上部含砾砂岩、砂岩，夹砂砾岩、砂质页岩。厚120~558.5m
	寒武系		八村群	ϵBc	灰色至灰褐色变质砂岩、粉砂岩、变质细砂岩、杂砂岩、粉砂岩、泥岩夹碳质泥页岩、千枚岩，夹碳质千枚岩，厚3300~5000m
元古宇	震旦系		老虎塘组	Zlh	硅质岩与变质细砂岩互层，夹黑色板状页岩、泥质粉砂岩、碳质页岩，含微古植物。厚度>710m
			坝里组	Zb	变质细砂岩、砂质页岩、板状页岩互层，含微古植物。厚2583m
			活道组	Zh	下部变质砂岩、石英岩，夹含砾砂岩；中部变质细砂岩及粉砂岩；上部变质细砂岩、凝灰岩或灰岩、钙质砂岩夹碳质页岩，含微古植物。厚度>123m
			大绀山组	Zd	下部石英岩夹砾岩、砂砾岩；中部变质砂岩与砂质页岩、粉砂岩互层；上部变质细砂岩、灰岩、白云岩互层，夹黄铁矿、磁铁矿及碳质页岩，含微古植物。厚度>731m
			云开岩群	PtY	变质含砾粗粒石英砂岩、石英岩、片岩、二长片麻岩等。厚度不清

1. 元古宇（Pt）

该套地层出露于番禺市桥、沙湾一带，隐伏于番禺鱼窝头、南沙等地，为云开群（PtY）。该套岩层强烈变形、无顶无底，新生的构造面理和层间剪切发育，并置换了早期层理，是受强烈变形变质改造的无序地层。其主要由云母石英片岩、云母片岩、黑云母斜长片麻岩、变粒岩、变质砂岩和石英岩类组成，局部夹碳质板岩及混合岩。

2. 震旦系（Z）

该套地层在图中极少出露，仅出露于三水市西面。该系以浅海相类复理石建造为主，普遍夹古老变质火山岩类，以含条带状磁铁矿为特征。多受区域变质及混合岩化作用。底界不明；顶界以硅质岩为标志与寒武系呈整合接触，总厚度最大达6000m。根据资料显示，自下而上分出4个组级岩石地层单位。老虎塘组（Z_1lh），硅质岩与变质细砂岩互层，夹黑色板状页岩、泥质粉砂岩、碳质页岩，含微古植物。坝里组（Zb），变质细砂岩、砂质页岩、板状页岩互层，含微古植物。活道组（Zh），下部变质砂岩、石英岩，夹含砾砂岩；中部变质细砂岩及粉砂岩；上部变质细砂岩、凝灰岩或灰岩、钙质砂岩夹碳质页岩，含微古植物。大绀山组（Zd）下部石英岩夹砾岩、砂砾岩；中部变质砂岩与砂质页岩、粉砂岩互层；上部变质细砂岩、灰岩、白云岩互层，夹黄铁矿、磁铁矿及碳质页岩，含微古植物。

3. 寒武系（∈）

该套地层主要出露于江门市、中山市一带。该系以浅海相类复理石建造为主，可称八村群（$∈Bc$），岩性灰至灰褐色变质砂岩、粉砂岩、变质细砂岩、杂砂岩、粉砂岩、泥岩夹碳质泥页岩、千枚岩、夹碳质千枚岩，厚3300～5000m。本地层在研究区内以石英砂岩为主，以含铁砂岩较发育为特征。

4. 泥盆系（D）

该套地层分布较广，主要出露于三水市西部、高明区、花都区和三江镇一带，同时广泛隐伏于该地区第四纪地层之下。调查区内其主要岩性为灰岩、细砂岩、粉砂岩、页岩等，岩石具有轻微变质。自下而上分为6个组级岩石地层单位：杨溪组（D_2y）主要岩性为砾岩、砂砾岩及砂岩，夹粉砂质页岩。老虎头组（D_2l）以中细粒砂岩为主，夹粉砂岩、页岩等；春湾组（D_3c）主要岩性为粉砂岩夹细砂岩、粉砂质页岩。天子岭组（D_3t）主要岩性为浅灰色、深灰色灰岩；帽子峰组（D_3C_1m）主要岩性为粉砂岩与页岩、细砂岩互层。长圳组（D_3C_1c）主要岩性为灰白色、灰黑色灰岩，钙质页岩等。

5. 石炭系（C）

石炭纪地层零散分布，主要出露于广州西郊及北郊、花都、高明等地。沉积建造类型有滨岸浅海碎屑沉积、滨岸沼泽含煤沉积和浅海碳酸盐台地沉积。主要岩性为砂岩、页岩、碳质页岩、灰岩、白云岩，夹含砾砂岩、铁质砂岩、硅质岩及煤层等，总厚度大于1000m。根据岩性、岩石组合和沉积特征，自下而上分为5个组级岩石地层单位：大赛坝组（C_1ds）主要岩性为粉砂岩、细砂岩，夹页岩、碳质页岩等；石磴子组（C_1s）主要岩性为灰色、深灰色灰岩，下部与白云质灰岩互层，夹生物灰岩；测水组（C_1c）主要岩性是砂岩、粉砂岩夹碳质页岩及煤层；曲江组（C_1q）主要岩性为硅质岩、砂岩、页岩夹薄层灰岩等；壶天群（$C_{1-3}Ht$），主要岩性是灰白色夹多层肉红色、暗红色灰岩。

6. 二叠系（P）

二叠纪岩石地层零星出露于花都、佛山一带，并隐伏于该地区第四纪地层之下。区内二叠纪地层由浅海碳酸盐岩沉积、滨岸湖沼含煤沉积、滨岸湖泊红色碎屑沉积等多种建造类型组成。自下而上分为5个组级岩石地层单位：栖霞组（P_1q）主要岩性是灰岩夹粉砂岩及碳质页岩；孤峰组（P_1g）主要岩性为粉砂岩；童子岩组（P_1t）主要岩性为砂岩、粉砂岩及页岩；沙湖组（P_2sh）主要岩性为砂岩、粉砂岩；圣堂组（P_2st）主要岩性为黄色、浅褐黄色、紫红色、灰紫色含深红色铁质小结核的粉砂岩，粉砂质页岩，砂岩等呈互层状。

7. 三叠系（T）

三叠纪地层主要见于广州新市、石井、黄石、花都华岭、赤坭、炭步、江高等地，并隐伏于该地区第四纪地层之下。区内早三叠世继承了晚二叠世海盆沉积，由粗—细—粗构成一个大的沉积旋回，岩性主要为含砾砂岩、砂岩、粉砂岩、泥岩，底部为砾岩、砂砾岩，不整合于前三叠纪地层之上，富含双壳类、植物化石。该套地层分为3个组级岩石地层单位：大冶组（T_1d）为一套浅灰色、灰色灰岩夹钙质泥岩。红卫坑组（T_3hw）底部为砾岩，下部砂砾岩夹可采煤层，中上部为粉砂岩、粉砂质泥岩，夹1~3层不稳定砾岩和2层局部可采煤层。小坪组（T_3x）为一套较粗的含煤碎屑岩。

8. 白垩系（K）

白垩纪地层分布较广，主要出露于广州、番禺、顺德陈村等地，并广泛隐伏于番禺大石、南村、沙湾、榄核及灵山一带的第四纪地层之下。该地层为一套陆相红色碎屑沉积，自下而上由粗—细—较粗组成两个大的沉积旋回，岩性主要有砾岩、砂砾岩、砂岩、粉砂岩、泥岩，夹灰岩、泥灰岩及凝灰岩等。根据岩性、岩石组合和沉积特征，自下而上可划分为4个组级岩石地层单位：百足山组（K_1b）为一套杂色的较粗的碎屑岩和火山碎屑沉积岩。白鹤洞组（K_1bh）为一套碎屑岩，上部夹泥灰岩和灰岩，普遍含薄层或团块状石膏，并见有次英安岩和次流纹岩。三水组（K_2ss）为一套位于大塱山组之下的下粗上细的碎屑岩夹碳酸盐岩。大塱山组（K_2dl）为一套由灰紫或暗紫红色粉砂岩、细砂岩夹砂砾岩和灰黑、深灰色钙质泥岩及泥灰岩组成。

9. 古近系（E）

古近纪地层在调查区内分布广泛，在三水市周围大量出露，并隐伏于上述地区及南沙万顷沙、新垦等地的第四纪地层之下。调查区内古近纪地层为一套陆相碎屑沉积，根据岩性、岩石组合和沉积特征，自下而上可划分为4个组级岩石地层单位：莘庄村组（E_1x）为一套下粗上细的红色地层。㘵心组（$E_{1-2}b$）为一套由钙质泥岩、泥灰岩、油页岩、粉砂岩和砂岩组成的深灰色岩层。宝月组（E_2by）为一套红色碎屑岩。华涌组（E_2h）为一套位于宝月组之上的碎屑岩和火山岩。

10. 第四系（Q）

本套地层在研究区南面大量出露，其成因类型复杂，有河口三角洲沉积，又有陆相沉积，岩相岩性及沉积物厚度多变。根据区域资料显示，该地区出露全新统桂州组（Qhg）和更新统礼乐组（Qp_3l）及白坭组（Qp_2bn）。桂州组主要分4层：第一层粉砂质黏土、粉砂质淤泥、泥炭；第二层中细砂、淤泥质粉细砂、粉砂质黏土；第三层淤泥、淤泥质黏土砂、砂砾、含砾黏土质砂；第四层淤泥质粉细砂，富含腐殖质、蚝壳及海相生物碎屑。礼乐组主要分3层：第一层花斑状杂色黏土、砂质黏土；第二层灰色、灰黑色砂质黏土、黏土、黏土质粉砂；第三层灰色、灰黄色砂、砂砾、黏土质砂。白坭组主要为棕红色、土黄色卵砾石，砂砾，含砾砂层（55.9万~18万年），厚1~36m。

二、岩浆岩

区内花岗岩类主要形成于志留纪、三叠纪、侏罗纪及白垩纪，其中以侏罗纪、白垩纪花岗岩最为发育。

晚志留世花岗岩（$S_3\gamma$）在区内零星出露，在中山、江门、顺德、番禺附近均有产出。岩性主要为流纹岩、英安岩、安山岩等，岩石具斑状结构、流纹构造。斑晶由斜长石、石英、黑云母、角闪石等组成。其覆于寒武系八村群浅变质岩系上，呈穹状火山和岩钟产出。火山活动明显地分为两个喷发活动阶段，形成2个火山喷发亚旋回、4个喷发韵律。火山活动经历了由中性—中酸性—酸性、由喷溢—爆发—侵出活动的特征。该期火山岩系以熔岩喷溢相为主。晚三叠世花岗岩（$T_3\gamma$）在区内以小岩株、小岩枝出露，部分呈岩基状产出，地表主要分布在番禺、江门、鹤山、将军山等地，岩性主要为细粒石英闪长岩、中细粒斑状黑云母花岗闪长岩，岩石具半自形—他形粒状结构、嵌晶结构、块状构造，基质具花岗结构。次生蚀变矿物可见黝帘石、绿帘石、绿泥石、碳酸盐矿物等。局部岩石节理发育，沿节理面出现褐铁矿化，并可见有少量的黄铁矿化。

晚侏罗世花岗岩（$J_3\gamma$）出露于四会、斗门、珠海市附近。据钻孔资料，该地层于广州市西部石围塘北面大坦沙西侧一带隐伏于第四纪地层之下。岩性为中细粒黑云母（二长）花岗岩，岩石具似斑状结构，基质花岗结构、半自形粒状结构、块状构造。斑晶以斜长石为主,次为黑云母、角闪石,造岩矿物为钾长石、斜长石、石英、黑云母及角闪石。

晚白垩世花岗岩($K_3\gamma$)在地表少量出露于珠海市、中山市、江门市附近,其余隐伏于南沙横沥—大岗一带的第四系之下以及广州市江高镇南部约2km的第四系之下,呈不规则状或长条状的小岩株、小岩枝状产出。岩性为中(细)粒斑状(黑云母)二长花岗岩,岩石呈灰白色—灰红色,具中(细)粒花岗结构,似斑状结构,斑晶主要为钾长石,中粒斑状黑云母二长花岗岩中钾长石斑晶粗大,可达4cm左右。岩石主要矿物成分有钾长石、斜长石、石英、黑云母等,微量及蚀变矿物见有磷灰石、锆石、绿泥石、绿帘石、钠长石等;岩石常见压碎蚀变,长石、黑云母常被绿泥石、绢云母、白云母交代。岩石中偶见英云闪长岩包体。

第三节 地质构造

据《广东省区域地质志》,研究区属于华南褶皱系之粤北、粤东北-粤中坳陷区(Ⅴ)。其次级构造单元可以划分为花县凹褶断束(Ⅴ-4)、增城-台山隆断束(Ⅴ-5)及紫金-惠州凹褶断束(Ⅴ-6)(图1-2)。构造面貌是循古老的华夏系和纬向构造为基础演变而成的。由于受加里东至喜马拉雅各期地壳运动的影响,形成一系列的褶皱、向斜、背斜、断层构造及断陷盆地。

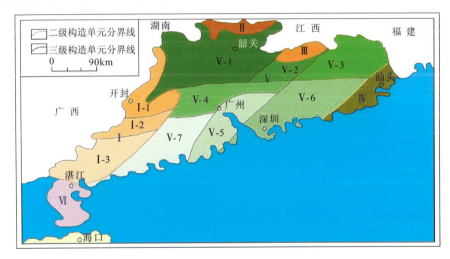

图1-2 研究区及邻区大地构造位置图

Ⅰ.粤西隆起区:Ⅰ-1.大瑶山隆起,Ⅰ-2.罗定隆起,Ⅰ-3.云开大山隆起;Ⅱ.诸广山隆起区;Ⅲ.九连山隆起区;
Ⅳ.粤东隆起区;Ⅴ.粤北、粤东北-粤中坳陷区:Ⅴ-1.粤北凹陷,Ⅴ-2.和平凹褶断束,Ⅴ-3.水梅凹褶断束,Ⅴ-4.花县凹褶断束,
Ⅴ-5.增城-台山隆断束,Ⅴ-6.紫金-惠州凹褶断束,Ⅴ-7.阳春-开平凹褶断束;Ⅵ.琼雷凹陷

一、褶皱构造

在侏罗纪—白垩纪时期,岩浆活动强烈,伴随岩浆岩形成的还有大量的褶皱构造。这时期形成的褶皱分为燕山期褶皱和喜马拉雅期褶皱。

1. 燕山期褶皱

该期褶皱指形成于燕山运动、主要发育于晚古生代及三叠纪地层中的褶皱,主要分布于花县一带,总体呈"S"形或弧形展布,由冯村复背斜及花县复向斜等组成。轴向北东,卷入褶皱的地层为泥盆系—石炭系及三叠系,褶皱两翼基本对称,轴面近于直立,不发育轴面劈理,形态主要为开阔型褶皱或者是宽展型对称或不对称的箱状向斜或梳状背斜,为典型侏罗山式盖层褶皱。由于晚三叠世小坪组也被卷入褶皱,因此褶皱主要形成于燕山早期,后又受到白垩纪—古近纪红盆不整合覆盖,并为晚期的脆性断裂带所切割。

2. 喜马拉雅早期褶皱

该期褶皱主要分布于龙归古近纪盆地中,卷入褶皱地层为古近系。发育较好的有太平场背斜,褶皱形态以开阔型为主,轴向北东,轴面直立,属浅层次等厚型褶皱。由于第四系覆盖,褶皱出露不全。太平场背斜属开阔型背斜拱曲,轴线走向北东20°～30°,长约5km。核部为古近纪宝月组下部钙质泥岩、粉砂岩,两翼为宝月组砂砾岩、砂岩及粉砂岩。南东翼倾向90°～140°,倾角5°～25°;北西翼倾向北西,倾角平缓。褶皱南西段为第四系覆盖。

二、断裂构造

三角洲在大地构造上为华南准地台的一部分。从加里东构造阶段便开始活动,经历了海西-印支构造阶段、燕山构造阶段和喜马拉雅构造阶段。主要表现为强烈的继承性断裂活动,并引起差异断块升降。在中生代燕山运动时,发生断裂和大规模的岩浆侵入活动,即地洼余动期块状断裂(地洼学说)。形成区内40°～60°方向和切过它们的320°～340°方向及东西向的区域性大断裂(图1-3),这3组断裂系统控制了断陷盆地及珠江三角洲的沉积范围(钟建强,1991)。

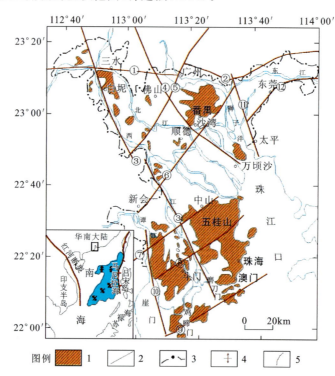

图1-3 珠江三角洲断裂构造纲要图(据姚衍桃等,2008,有改动)
1.山地、丘陵;2.断裂;3.三角洲界限;4.海底扩张轴;5.俯冲带
①广三断裂;②罗浮山断裂;③西江断裂;④沙湾断裂;⑤广从断裂;⑥市桥-新会断裂;⑦五桂山北麓断裂;
⑧五桂山南麓断裂;⑨深圳断裂;⑩崖门断裂;⑪萝岗-太平断裂;⑫东莞断裂

1. 北东向断裂

广州-从化断裂带展布于本区西北部,属于恩平-新丰区域断裂带的中段,总体呈北东30°～50°方向延伸,区内延伸大于100km,波及宽度约15～30km。断裂迹象明显,南东侧为低山丘陵地貌,出露大片前震旦纪变质岩及中生代花岗岩,西侧为广花盆地,区内分布有石炭系、二叠系、侏罗系和古近系。断裂带控制了古近纪龙归盆地的展布,复又切割了它。断裂在花岗岩中主要发育硅化岩、蚀变碎裂岩及断层

角砾岩,局部见糜棱岩化岩石;在沉积岩及变质岩中则主要形成片理化带,并有硅化、绢云母化及绿泥石化,局部见构造透镜体及牵引褶皱。

新会-市桥断裂带,西南部延伸至新会市,东北端至番禺石楼附近,总体走向40°~50°。该断裂在石楼附近可见到它的次级断裂出露,断裂带在晚白垩世曾经发生显著活动,控制了新会盆地北西边界及它的沉积形成。

2. 东西向断裂

东西向断裂带主要为瘦狗岭断裂,属于广州-三水断裂带的东段。该断裂穿行于白垩系中,地表出露差,零星见有断裂迹象,以发育硅化岩、断层角砾岩为主,断裂倾向南,倾角50°~80°。东段瘦狗岭断裂西起广州白云山,往东经瘦狗岭、吉山—横沙新村,被北西向文冲断裂切错。断裂具多期活动,早期逆冲韧性剪切,称为南岗韧性剪切带,沿剪切带发育糜棱岩带;晚期发生脆性变形,沿断裂形成几十米宽的碎裂岩带。该断裂也是不同地貌单元分界线,北侧为低山丘陵区,南侧为三角洲平原。广州省地震大队的水准测量成果表明,垂直形变等值线沿断裂呈带状分布,南侧为沉降区,北侧为隆起区,现仍在不断隆起之中。瘦狗岭断裂在燕山早期已经存在,以韧性剪切变形为主,表现为逆冲剪切。燕山晚期断裂活动更为强烈。挽近时期断裂仍有活动,断裂北盘上升西移,南盘下降东移,将中新生代的三水断陷盆地切割成南、北两半,并呈反时针方向发生错移。沿断裂带常有小震群出现,断裂带内物质热释光年龄值为28.5万年。

3. 北西向断裂

北西向断裂主要有沙湾断裂带、化龙-黄阁断裂、文冲-珠江口断裂。

沙湾断裂带,在花都—沙湾一线出露,总体走向320°,倾向南西,倾角大约50°~80°。断裂主要发育于云开岩群、白垩系和花岗岩中。破碎带宽20~100m,构造岩以构造角砾岩、碎裂岩为主。该断裂控制了三水盆地的东侧边界,对第四纪沉积及水系也有控制作用。

化龙-黄阁断裂走向340°,断续出露长约15km,西侧为震旦纪变质岩,硅化破碎现象较明显,东侧为第四系的沉积物,断裂大部分隐伏于第四系之下。航磁异常于化龙一带呈北西向特征展布,显示该断裂的存在。

文冲断裂带,又称为狮子洋断裂,总体走向330°,倾向南西,倾角50°~60°,于广州文冲造船厂一带见该断裂破碎带宽约6m。据现有资料,断裂在黄埔一带以右旋方式切过瘦狗岭断裂。该断裂向南延伸部分被第四系覆盖或进入狮子洋水道,据现有研究成果显示,该断裂在全新世的活动导致了狮子洋水道的开启(陈国能等,1994)。

南岗-太平断裂,为珠江三角洲和狮子洋断块的东界,自广州南岗穿过东江三角洲前缘,经太平一带延伸至珠江口,走向300°~330°,为倾向南西的正断层,倾角65°~80°。在南岗一带卫星影像显示较明显的线性特征。大部分地区隐伏于第四系之下,仅在基岩裸露的南岗、太平一带见断裂露头。

几组断裂交叉,把地壳切割成菱形断块。断裂两侧发生差异性震荡运动,断状隆起为山地,块状断陷为盆地。

第四节 区域地球物理场特征

一、布格重力异常特征

重力观测值经自由空间校正和布格校正后与相应的参考椭球体面上的正常重力值之差,称为布格重力异常。布格重力异常是由地壳内部不同深度物质密度不均一而引起,常与下地壳界面的起伏有关。

布格重力异常梯级带则反映了不同构造单元的过渡,为研究区域地质构造提供了一定的依据。

根据区域地质资料,调查区沉积岩的密度按时代大致可分为 3 层,中新生界密度偏低,约 $2.52\mathrm{g/cm^3}$,厚度巨大的中新生界盆地常出现明显的负异常;上古生界是"高"密度层,约 $2.64\mathrm{g/cm^3}$,大面积的中古生界出露区常产生局部重力高;下古生界、震旦系平均密度约 $2.58\mathrm{g/cm^3}$,多形成重力低。以花岗岩为主的侵入岩平均密度较低,约 $2.57\mathrm{g/cm^3}$,侵入于下古生界的巨型花岗岩岩基,往往形成负重力中心。中生界中酸性火山岩平均密度为 $2.53\mathrm{g/cm^3}$,一般无明显异常显示。新生代玄武岩类平均密度为 $2.64\mathrm{g/cm^3}$。

由布格重力异常图(图 1-4)看出,区域范围西北佛山、广州、东莞一带存在一个醒目的重力高,异常总体走向近东西向,形态规则,内部起伏平缓,在该重力高内部异常强度为 $(13\sim20)\times10^{-5}\mathrm{m/s^2}(\mathrm{mGal})$,等值线位于佛山市一带,呈北西向。

异常原因应是上地幔隆起的重力场显示。在区域范围的南部近海地区也存在一个显著的北东东向重力高,这里是南海大陆架北缘,与滨海断裂带位置大体一致,总体应属南部大陆架重力高的一部分。在上述 2 个重力高带之间,珠海、斗门、广海湾一带存在一个微低重力带,最低值为 $-10\times10^{-5}\mathrm{m/s^2}$,走向亦是北东东方向。区域范围东部不存在线性梯度带,广州重力高向东缓斜,逐渐消失过渡到负重力区,大体在惠东以西。

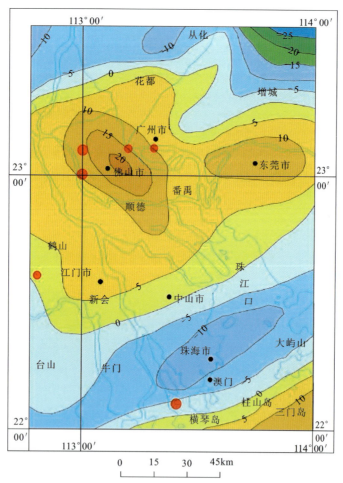

图 1-4 区域布格重力异常与地震震中分布图
(资料来源:国家测绘局编制的 1∶100 万布格重力异常图)

1. $M_S6.0$ 级地震震中;2. $M_S5.0\sim5.9$ 级地震震中

二、航磁异常特征

磁异常与岩石磁化率有关,如花岗岩多数不具磁性,晚侏罗世流纹岩、安山岩、辉石安山岩等磁化率偏低,常不具磁性;新生代的基性、超基性岩,火山岩磁场变化杂乱,沉积岩、变质岩磁场强度甚低,有的不具磁性,因此区域内磁性基底复杂,区域磁异常大体上以北东东向或近东西向为其特征(原地质矿产部第二海洋地质调查大队,1987)。

区域范围大体上可分为2个磁场区(图1-5),江门—中山—深圳一线以北为第一磁场区,它属于平缓正负磁场区,其特征是,在正磁场的背景下,花斑状分布一些负磁场区。总体强度不大,约1100±200伽玛,最大正磁场为240伽玛,位于从化,岩性以花岗岩为主;最低负磁场,在惠阳渣湖一带,最低值为160伽玛,岩性以侏罗纪火山岩为主。梯度缓、磁场较宽缓、具明显的方向性,说明磁性体埋藏较深,其发育受一定的构造方向控制。在磁场方向上,以近东西向为主体,南部更加显著,北部的花都、从化、增城、佛山、东莞、博罗、惠东等地常表现为北东东向或北西西向的串珠状磁场排列,为一近东西向磁场带。在这一磁场体的背景下,局部也发育有北东向、北西向磁场体,同样是构造控制的反映。

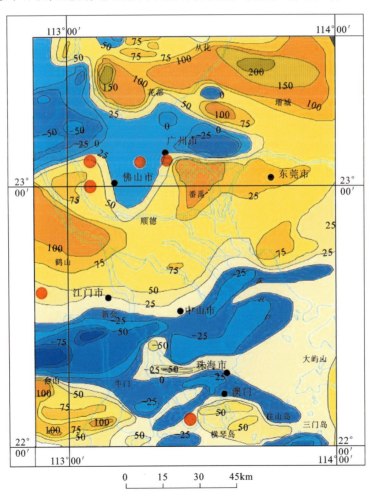

图1-5 区域 ΔT 磁力异常与地震震中分布图

(资料来源:原地质矿产部编制的1:100万中国东部磁力 ΔT 剖面平面图与第二海洋地质大队的《南海地质地球物理图集》)

磁场强度(nT)

200 150 100 75 50 25 0 -25 -50 -75 -100 -150 -200

1. M_s6.0级地震震中;2. M_s5.0~5.9级地震震中

第二磁场区位于前一磁场区的南部，即江门—中山—深圳一线以南至海域的地区，为正负磁场变化区，其北部以负磁场为主，南部以正磁场为主。该磁场区总体仍以近东西向展布为主，同样也存在北东和东西向局部磁场体，北部负磁场北界线呈整齐的东西向梯度带与其北侧的正磁场交界，是正负不同性质磁场的分界线。

北部负磁场的南界虽然仍呈东西向，但不甚整齐，这一界限位于广海—斗门—澳门—香港北及以东，其中介入一部分正异常场，这一界线基本上分布在花岗岩区。磁场总体平缓，梯度不大。南区大部分为正磁场，在担杆列岛—万山群岛一线磁场梯度较大，最大磁场强度为280伽玛。这一线在南海域则分布一条巨大的负异常带，这一正负磁性交界地区应存在深大断裂带，与滨海断裂位置吻合（余成华，2010）。

三、地壳结构与莫霍面形态

研究区内沿海一带地壳较薄，莫霍面较浅，其中深圳市地壳厚度不足34km，往北地壳厚度逐渐增厚，莫霍面逐渐加深，至从化一带，地壳厚度达34.5km（图1-6）。

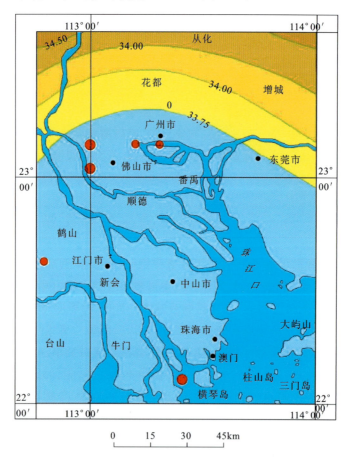

图1-6 区域莫氏面深度与地震震中分布图
（资料来源：广州地震大队物探队）

等深色标（km）

1.M_s6.0级地震震中；2.M_s5.0～5.9级地震震中

研究区西部形成莫霍面隆起区，范围包括台山至三水以东、惠阳以西、花都以南地区，地壳厚度不足34km，是广东省陆地地壳最薄的地段，也是莫霍面隆起抬升之处。由图1-6可见，地壳等厚线在此地段形成一个舌状形态,向北偏西方向突出,在从化—增城以北地区,地壳厚度线和莫霍面深度线方向近于东西向,地壳厚度自南向北增厚,莫霍面自南向北沉降,构成单一平缓的东西向梯级条带。

根据重力、航磁、大地电磁测深、天然地震转换波测深和人工地震测深等资料,本区深部构造的基本轮廓表现为莫氏界面东南浅、西北深的特点。莫氏面深度为33.5～34.5km(陈挺光,1989)。

第五节 新构造运动及地震

新构造问题作为珠江三角洲形成演化、地震地质等的重要研究领域,其研究可追溯到20世纪前期,(Schofield W,1920;吴尚时等,1947;曾昭璇,1957;叶汇,1963)。中国科学院南海研究所和广州地理研究所于20世纪50年代至60年代对珠江三角洲进行了较为详细的地貌、第四纪地质调查,探讨了该地区上升地貌和沉降地貌与新构造运动的相关关系,认为珠江三角洲新构造运动具有补偿性的块断和挠倾两种型式,有过多次间歇性抬升和局部沉降,等等。上述研究都不同程度地探讨珠江三角洲新构造运动的基本特征和主要型式。

较系统和全面的研究开始于20世纪70年代地震地质和河流阶地等考察,在最近30年间研究取得了长足进展。从珠江三角洲形成演化的角度,张虎男(1990)和黄玉昆等(1992)先后主张摒弃"湾头三角洲"的形成模式,强调断裂构造对珠江三角洲形成和发展的控制作用;刘尚仁(1994,2003)则依据珠江三角洲及其附近地区超过24条河流、80处河流阶地、97个沉积物年龄等情况,通过分析珠江三角洲及其附近地区河流阶地的分布与特征,研究了珠江三角洲新构造运动趋势,否认断块型三角洲的说法。姚衍桃(2008)等综合已有资料,对珠江三角洲的新构造运动进行了系统的分析,结果表明该地区的新构造运动以断裂活动和断块差异升降运动为主要特征,这些特征在珠江三角洲的演化过程中起着非常重要的作用。在地震地质考察中,张虎男(1980,1982,1995)从构造地貌成因探讨若干断裂构造的活动与河流阶地的相关关系。陈伟光等(1991)、张虎男等(1992)曾应用第四纪沉积年代学的测年成果估算了第四纪以来断块构造运动的幅度和速率。张珂等(1992)应用古夷平面的模糊数学模型所建立的夷平面位相态势分析新近纪以来断块构造运动和新构造应力场的动态特征。陈伟光等(2002)从最近开展的珠江三角洲活动构造定量研究及其与强震危险性的关系入手,着重探讨该地区晚第四纪以来断块构造运动的特征,即构造运动的速率和控制断块的活动断裂构造的活动强度。此外,不少学者还应用断裂活动年代学测年成果和监测断裂活动的地球化学测试成果评估三角洲若干地段与新构造运动有关的地壳稳定性,或应用地壳热力场特征分析地热释放与三角洲地区地震活动的关系等。

一、新构造运动特征及单元划分

研究区位于粤中褶断束的大陆板块内,从三角洲卫星遥感图像上可看出(图1-7),珠江三角洲盆地实际上是由三水、东莞、新会及斗门等小型盆地组合而成,盆地的形态呈菱形或矩形,其周边为低山丘陵区或残丘(庄文明等,2003)。

在白垩纪初期,由于燕山运动导致研究区出现大规模的断裂作用,形成了一系列盆地(曾昭璇,2011),此后,构造抬升剧烈并伴有大量花岗岩侵入,使红盆地不断加深,沉积了巨厚的陆相碎屑,其中,恐龙蛋化石

图1-7 珠江三角洲第四纪沉积盆地TM图像

就产在晚白垩世地层中。

渐新世至中新世的喜马拉雅运动第一幕又使地壳发生强烈变形,并抬升遭受剥蚀,始于上新世的喜马拉雅运动第二幕表现为强烈的继承性断裂活动(黄镇国等,1982)。珠江三角洲受断裂的切割,形成多个垂向上具有不同运动方向或运动速率的断块,使得珠江三角洲地区的新构造运动以断裂活动和断块差异升降运动为主要特征。综合区内主要断裂、第四系厚度、地貌特征、地震活动及地壳垂直形变,把珠江三角洲划分为 7 个断块(5 个断陷和 2 个断隆):西北江断陷、万顷沙断陷、东江断陷、新会断陷、灯笼沙断陷、番禺断隆和五桂山断隆(图 1-8)。斗门断块区和广州-番禺断块区这两个次级断块构造以及围限它们的广州-从化断裂、三水-罗浮山断裂、西江断裂、白坭-沙湾断裂的活动性相对较强。

上述两组的构造线共同控制了三角洲内以北西向(或北北西向)为长轴,北东向为短轴的棋盘状的构造地貌格局,其活动的力学性质决定了三角洲基底以北西向(或北北西向)为谷、北东向为岭的地貌特征(图 1-8)。晚更新世中期,珠江三角洲产生断陷作用,接受了平均厚度为 25m 的 Qp_2^3 以来的松散沉积。盆地内断裂的持续活动,进一步分异出三水、东莞、新会、中山、顺德、斗门 6 个第四纪新凹陷(图 1-8),最深的斗门凹陷第四系厚达 64m(黄日恒,1983)。

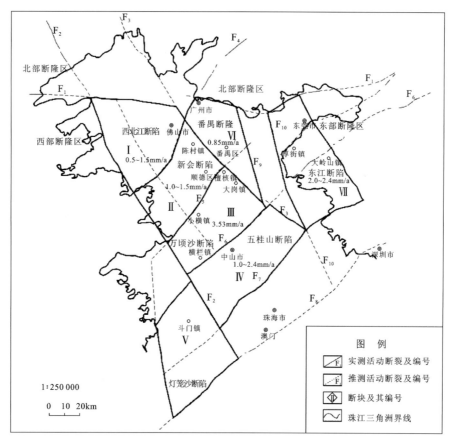

图 1-8 珠江三角洲地区活动断裂与断块分区图

F_1.罗浮山断裂;F_2.西江断裂;F_3.沙湾断裂;F_4.广从断裂;F_5.新会断裂;F_6.五桂山北断裂;F_7.五桂山南断裂;F_8.深圳断裂

据地球物理探测表明,研究区地壳平均厚度为 23~30km,重力异常等值线分布显示三角洲内是以佛山、东莞、四会等多地为中心的深部环形坳陷构造。莫霍面埋深由三角洲周边的 32km 减至环形中心的 30km,推测主要是因高密度上地幔上冲而造成的(陈伟光等,2002)。研究区深部构造分区属于广州-海南地幔隆起区,在惠州、东莞、广州、三水、新会、中山、樟木头一带出现东西向隆起,并在南海小塘、九江地区出现重力异常值,最高为 15mGal 的局部重力高(黄日恒,1983)。

二、断裂活动

珠江三角洲地区大体上发育3组断裂,走向分别为北东向、近东西向和北西向。其中,北东向和近东西向这两组断裂主要形成于白垩纪的燕山运动,并在随后的发展过程中又发生过多次活动,这些断裂绝大多数为基底断裂,规模较大,在区域地形地貌演变中起了非常重要的作用;北西向断裂则比前两者年轻,主要形成于渐新世至上新世的喜马拉雅运动,在珠江三角洲的发育演化过程中也起了重要作用(姚衍桃等,2008)。现有钻探资料研究证明,西江断裂南段明显切穿了上更新统(Chen et al,2002;黄玉昆等,1992),此外西江断裂的次级断裂破碎带研究证实,其最后一次活动为25ka BP,且引起地壳垂直错动达6m(王业新等,1992)。

位于广州和佛山之间的西淋岗,近来发现了被抬升、掀斜及断裂切割的晚第四纪地层(张珂等,2009);此后,武汉地质调查中心协同其他科研单位,对西淋岗断裂开展精细研究,通过探槽开挖、浅层地震探测、大比例尺地质地貌填图和第四纪地层年代测定等工作,结果表明西淋岗第四纪错断面不是构造活动形成的,而是重力失衡的结果(董好刚等,2012;王萍等,2011)。

总体来说,研究区内新构造运动以晚更新世为界,其程度先减弱后增强。根据构造演化、地貌发育和第四纪地质特征可知,新近纪以来随着第三纪(古近纪+新近纪)盆地张性活动的逐渐减弱,地壳垂直差异活动也随之变弱,而此前所塑造的地貌反差在中更新世至晚更新世早期已准平原化。晚更新世后,地壳差异运动重新增强,建造了现在三角洲第四系的沉积基底,三角洲周边也广泛出露多级中更新世至全新世的阶地或台地。并且,在整个三角洲范围内,断裂活动强弱总体趋势南强北弱,在北东向、北西向、东西向3组断裂的共同作用下,形成了基底自南向北掀升的地貌格局。

三、断块差异升降运动

据1953—1989年的地壳形变测量,珠江三角洲以沉降为主(速率1.3~2.0mm/a),其邻区则以上升为主。这一特征可能从晚更新世一直持续到现在,为该地区的沉积作用创造了条件。珠江三角洲以大型的北东向、北西向及近东西向断裂为界,并受其控制,内部则由相互交错的次级断裂分割成若干断块。由于不同断裂(或同一断裂的不同段)在运动强度和方向上不同,从而导致了各断块之间发生差异升降(姚衍桃等,2008)。

区域地壳垂直形变表明(图1-9),东、西两部分明显上升而在113°~115°区域存在一北北东向下降条带。速率等值线北东东走向的轮廓较清晰,由此可见,区域现今垂直形变图明显受区域活动构造所控制,是现今构造活动的反映。珠江三角洲地区的广州、中山、澳门、深圳范围为下降区,最大下降速率在-2~3mm/a之间,是广东沿海岸下降最明显的地区。但下降速率等值线的形态不规则,可能与区内北东向、北西向构造带相互交切的共轭活动有关。总体表明,区域现今垂直形变特征明显受该区大规模的北东向构造带所控制,但垂直形变幅度相对较小,无明显的高速度梯度带。

四、地热活动

地热活动也是珠江三角洲构造活动的一种表现形式,而利用温泉可对研究区地热活动规律进行研究。根据张虎男等(1990)对华南沿海温泉的研究,华南沿海地区是我国温泉相对集中的地区,其分布特征是东多西少,北稀南密,据统计,530处温泉中,广东和海南共236处;福建140处;湖南南部58处;台湾、江西南部和广西东南均为32处。但在本研究区珠江三角洲范围内,温泉分布相对较少。

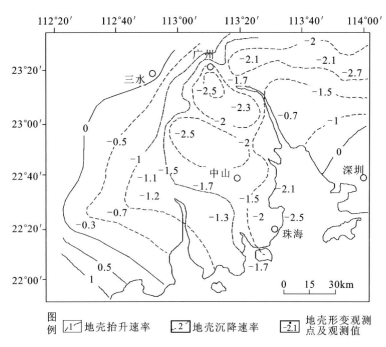

图 1-9 珠江三角洲 1953—1989 年地壳垂直形变速率图

五、地震

珠三角地区在 10 年前就已经作为我国 21 个地震重点监视防御区之一,1997 年被区划为 6~6.5 级地震的潜在震源区,因此其地震情况长期受到有关部门的特别重视。

珠三角经济区共发生过 4 次 $M_s \geq 5$ 级地震,其中 3 次分布于恩平—中山—惠阳一线以南,即在新构造运动中以隆起为主的地区,而且均位于隆起的边部,只有一次分布于本区北半部(魏柏林等,2002)(图 1-10)。自地震台站建立以来,本区监测 $M_L \geq 3.0$ 级地震南区占 73%,北区占 27%;$M_L \geq 4.0$ 级地震南区占 80%,北区占 20%。微震的分布情况与 100 余年来 $M_s \geq 5$ 级地震的分布情况大致相似。未来值得关注的地区则在中山—斗门一带。

研究区位于东南沿海地震带的中段,东南沿海地震带的地震呈北东方向分布,地震活动主要受北东向断裂构造所控制。从公元 1372—2008 年(表 1-2),研究区范围内共记录到历史破坏性地震($M_s \geq 4.7$)10 次,其中 4 级地震 4 次、3~5.9 级地震 5 次、6 级地震 1 次,最大地震为 1911 年海丰外海域 6 级地震(图 1-10)。

从图 1-10 可以看出,西部破坏性地震主要分布在广州,未发生过大于 5 级的地震。历史上,近 600 年记录的 $M_s \geq 4\frac{3}{4}$ 级以上地震 11 次,地震活动已完成了 3 次周期性活动,据分析,目前研究区处于应变累积的阶段。20 世纪 70 年代后,区域地震台网记录,$M_L \geq 2.0$ 级的地震 241 次,$M_L \geq 3.0$ 级地震 44 次,$M_L = 4.0 \sim 4.5$ 级地震 6 次。$M_L < 2$ 级地震均匀分布整个三角洲,3 级以上地震多分布于西南沿海区域。根据活动性分析,有研究人员认为该区已进入了地震活动水平较低的相对平静阶段(杨马陵,2001)。

由于珠三角人口密集,地势平坦,松散沉积物厚度较大,砂土容易液化,河岸堤围遍布,夏秋台风暴雨暴潮频繁,雨季洪峰经常造成威胁,如发生地震,破坏损失率高,其后果不堪设想。目前珠三角地区的肇庆、广州、深圳等地的溶洞或土洞,在自然或人为作用下容易发生塌陷地震,虽然震级低,但烈度大、破坏形式独特,往往在震中区造成较大的破坏(韩喜彬等,2010)。

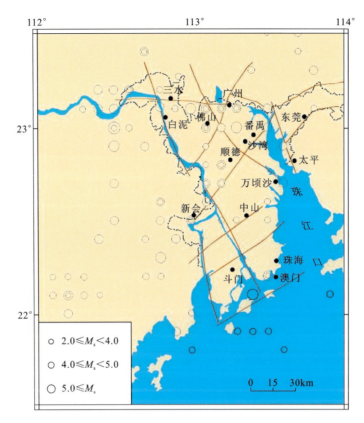

图 1-10 珠江三角洲断裂与震中分布图(据魏柏林等,2002)

表 1-2 历史上珠江三角洲地区及近海地震情况($M_s \geq 4\frac{3}{4}$)

序号	时间	纬度(°)	经度(°)	M_s	地点
1	1372 年 9 月 25 日	23.1	113.3	4	广州
2	1445 年	23.4	112.6	4	四会
3	1584 年 7 月 8 日	23.0	112.5	5	肇庆
4	1584 年 8 月 6 日	22.9	112.5	5	肇庆
5	1656 年 3 月	22.6	112.8	4	鹤山
6	1664 年 9 月 30 日	21.8	112.5	5	台山
7	1683 年 10 月 10 日	23.1	113.0	5	南海
8	1824 年 8 月 14 日	23.0	113.0	5	广州
9	1905 年 8 月 12 日	22.1	113.4	5	澳门
10	1909 年 8 月 11 日	23.1	112.5	4	肇庆
11	1911 年 5 月 15 日	22.5	115.0	6	海丰外海域
12	1915 年	23.1	113.2	4	广州
13	1936 年 4 月 23 日	22.7	113.2	5	中山

第二章 珠江三角洲第四纪地质地貌特征

研究珠江三角洲第四纪地质地貌特征的目的是为该区断层第四纪活动性调查评价服务。从该区断裂活动性调查评价需求出发,需要对该区第四系各层组的形成时代和岩性特征有一个准确的把握。在前人工作的基础上,我们补充了必要钻孔,完成了三角洲横向和纵向上两条剖面第四系岩组特征分析;实测了西淋岗等典型第四纪野外剖面5个,对重点钻孔和剖面进行了高分辨率的取样分析,以期对第四系各层组的形成时代和岩性特征有一个更新的把握。第四纪地貌体特征和形成时代也是该区新构造运动研究的重要载体,我们筛选白泥二级阶地、七星岗海蚀穴、番禺四级台地等对珠三角第四纪重要地貌体特征进行分析对比,对其形成时代和特征进行了总结。

第一节 第四纪地层形成时代及岩性特征

一、第四纪沉积年代学特征

第四纪沉积物年代学问题一直是珠江三角洲第四系研究的热点,它是确定珠江三角洲形成、第四纪地层对比划分的重要依据,也是研究本地区海平面变化、岩相古地理、古气候等珠江三角洲的形成发展演化的基础。对珠江三角洲地区第四系年代的研究,前人已经做了大量的工作,由于测年方法局限、沉积环境的复杂等因素影响,对于珠江三角洲地区第四系的年代存在较大争议,主要存在以下3种认识。

1. 晚更新世约6万年以来(相当于MIS3)的沉积

二十世纪七八十年代以来,^{14}C测年手段在珠江三角洲地区第四纪研究中开始大规模使用。利用第四纪地层中的腐木等实测^{14}C最老年龄在3万~5万年,黄镇国等(1982,1984)、李平日等(1982)一大批学者提出珠江三角洲形成于晚更新世以来的观点。近年来,胡文烨(2010)利用光释光对番禺眉山第四纪剖面测得的最老年龄为(57.63±3.41)ka BP,也支持这一观点。

2. 中更新世以来的沉积

陈培红(1987)依据第四纪构造、古地理,以及^{14}C测年、古地磁资料等把前人划分到第三纪的地层划分到中更新统,并命名为岗美组(Qp_2g),后来李平日等(1989)重新研究了这套地层,并命名为白坭组(Qp_2bn),用热释光测得的年龄为(559.35±5.60)~(218.00±21.80)ka BP。

3. 晚更新世早期(MIS5)以来的沉积

最近,Tang等(2010)根据珠江口的地震数据,结合以往的钻孔资料对珠江三角洲的地层层序进行了研究,推测现代珠江三角洲晚更新世海侵可能发生于全球海平面较高的MIS5时期。Zong等(2009,2012)对珠江三角洲平原和珠江口大量钻孔的研究,也认为珠江三角洲发育的第二海侵层可能形成于海平面较高的MIS5时期。

我们对前人的工作进行了总结,共收集年代数据482个,由于数据的质量和出处等问题,实际统计数据420个,其中^{14}C数据339个,光释光(OSL)数据45个,热释光(TL)数据36个。

对收集的^{14}C年代数据利用CALIB 6.0程序统一校正到日历年龄。^{14}C年龄数据整体上从0~50ka BP几乎都有分布,其中以0~10ka BP最为丰富,共计208个,占实际统计^{14}C年代数据的61.4%,其他各年龄段数据均较少,10~20ka BP段数据为32个,占实际统计^{14}C年代数据的9.4%,20~30ka BP段数据为38个,占实际统计^{14}C年代数据的11.2%,30~40ka BP段数据为32个,占实际统计^{14}C年代数据的9.4%,40~50ka BP段数据最少,只有29个,占实际统计^{14}C年代数据的8.6%(图2-1)。从测年材料上来看,这些^{14}C年代数据主要以淤泥等沉积有机质、牡蛎等贝壳及腐木等植物残体为主,约占所统计数据的95%(图2-2)。

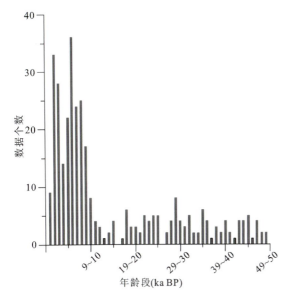

图2-1 第四纪沉积物^{14}C年龄分布图

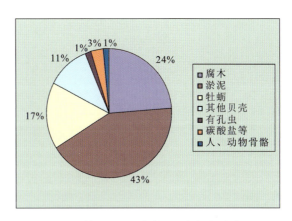

图2-2 第四纪沉积物^{14}C测年材料分布图

光释光是近年来发展起来的一种测年手段,虽然其在珠江三角洲第四纪研究中应用得还不多。但作为一种测年材料易于获取,测年范围超出^{14}C测年50ka BP的第四纪沉积物测年方法,近年来发展迅速,目前已成为珠江三角洲第四纪研究中的一种重要测年手段。此次共搜集光释光(OSL)数据45个,主要集中于20~50ka BP的范围内,最老的两个年龄为(85.500±0.731)ka BP和(57.63±3.41)ka BP(图2-3)。

热释光测年跟光释光测年都属于释光测年的一种,但由于热释光测年受到矿物成分、粒度、含水量等,以及样品和数据处理等多种人为因素的影响,导致其结果的可信度不大。这种测年方法以二十世纪七八十年代至二十世纪末应用较多,此次共搜集热释光(TL)数据36个。数据主要分布于两段,有27个数据分布于0~70ka BP范围内,有9个数据分布于200~600ka BP范围内,最老年龄为(559.35±5.60)ka BP(图2-4)。

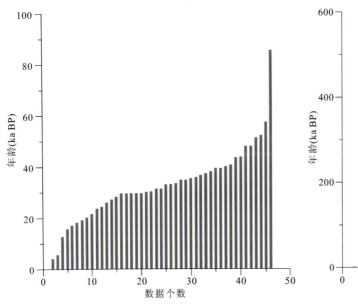

图2-3 珠江三角洲第四纪沉积物OSL年龄分布图

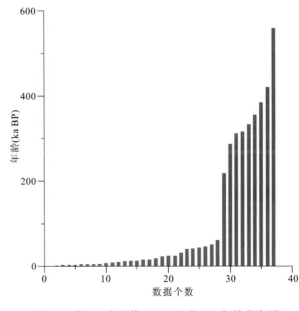

图2-4 珠江三角洲第四纪沉积物TL年龄分布图

为了查清珠江三角洲第四纪沉积年代,我们收集并钻探了部分钻孔(ZK1、ZK2、ZK3、ZK4、ZK6、ZK7、PM1、PM5 及北滘 ZK 等,钻孔分布见图 2-5),利用 AMS^{14}C 和光释光方法对岩芯剖面进行了沉积物年代测试。AMS^{14}C 年代分别在北京大学第四纪年代测试实验室和美国贝塔实验室测定,光释光年代在中国地质大学(武汉)构造与油气资源教育部重点实验室测定,共获取 AMS^{14}C 年代数据 46 个(表 2-1),光释光年代数据 6 个(表 2-2)。AMS^{14}C 年龄中 5 个数据超出检测范围,其他 41 个 AMS^{14}C 年龄经校正呈日历年龄分布范围为 692～44 946a BP。其中小于 11 000a BP 数据 36 个,4 个数据分布于 30 000～45 000a BP 之间。光释光年龄范围为 20.29～43.41ka BP 之间(图 2-6)。

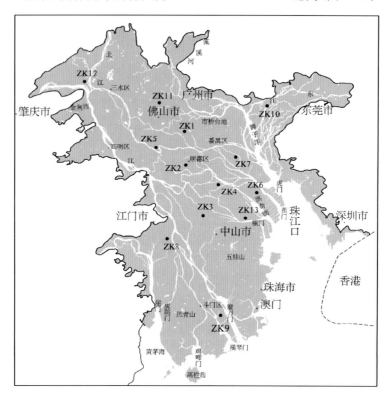

图 2-5 珠三角第四纪钻孔和主要地貌体分布示意图

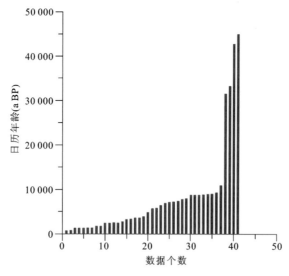

图 2-6 41 个实测 AMS^{14}C 年代数据分布图

表 2-1 实测 AMS ^{14}C 年代数据表

钻孔剖面	平均埋深（cm）	材料	^{14}C 年龄（a BP）	校正年龄（a BP）	2σ 年龄范围（a BP）		实验室编号
ZK1	438	淤泥	2545±30	2427	2330	2669	BA110947
	868	碳屑	7170±35	7835	7716	7935	BA110948
	902.5	有孔虫	8250±40	8817	8589	9003	Beta-344884
	987.5	有孔虫	8440±40	9092	8885	9313	Beta-344885
	1112.5	有孔虫	8300±40	8881	8628	9086	Beta-344886
	1305	腐木	8065±35	9000	8779	9088	BA110950
	1715	腐木	7950±35	8827	8674	8981	BA110949
	1900	淤泥	41 550±360	44 946	44 364	45 568	BA110951
ZK2	1840	腐木	38 420±250	42 791	42 328	43 256	BA110952
ZK3	1116	碳屑	>43 000				BA110955
	1642.5	牡蛎	>40 000				BA120120
	1687.5	牡蛎	>40 000				BA120121
	1834	碳屑	>43 000				BA110958
ZK4	426	贝壳	1265±20	831	688	956	BA110961
	522.5	牡蛎	3400±30	3298	3104	3462	BA120122
	587.5	牡蛎	4595±40	4843	4604	5044	BA120123
	612.5	有孔虫	5410±40	5804	5632	5969	Beta-344887
	637.5	牡蛎	5270±35	5663	5517	5858	BA120124
	787.5	有孔虫＋介形虫	6880±40	7416	7275	7551	Beta-344888
	996	贝壳	6445±30	6971	6786	7150	BA110963
	1177.5	有孔虫＋介形虫	6010±40	6457	6293	6627	Beta-344889
	1302.5	牡蛎	2745±25	2506	2333	2688	BA120125
	3072	淤泥	29 010±130	33 315	32 811	34 182	BA110971
ZK6	392.5	淤泥	1555±25	1302	1235	1380	BA120546
	836.5	碳屑	935±30	693	640	773	BA120547
	1267.5	牡蛎	6740±40	7295	7149	7424	BA120548
	1372.5	牡蛎	7515±45	8004	7842	8167	BA120549
	1588	淤泥	8485±40	9348	9152	9468	BA120550
	1918	牡蛎	6590±40	7137	6945	7295	BA120551
	2271	碳屑	8125±50	8848	8644	9001	BA120552
	2680	腐木	9640±40	10 981	10 786	11 186	BA120553
ZK7	232.5	淤泥	1550±25	1298	1192	1377	BA120554
	783	淤泥	1460±30	1222	1100	1297	BA120555
	1447.5	淤泥	1660±30	1386	1304	1504	BA120556
	1881	贝壳	2670±35	2412	2209	2667	BA120558
	1881	淤泥	3495±25	3580	3471	3685	BA120557

续表 2-1

钻孔剖面	平均埋深(cm)	材料	^{14}C 年龄(a BP)	校正年龄(a BP)	2σ 年龄范围(a BP)		实验室编号
PM1		淤泥	27 750±110	31 615	31 353	32 028	BA111207
PM5	125	腐木	1785±30	1711	1616	1816	BA120559
	195	腐木	1845±25	1779	1712	1864	BA120560
	295	腐木	2525±30	2603	2490	2743	BA120561
	312.5	腐木	3445±30	3707	3635	3828	BA120562
	372.5	腐木	3625±30	3936	3847	4071	BA120563
	445	腐木	1490±40	1374	1302	1514	BA120564
	535	腐木	2735±25	2822	2769	2874	BA120565
北滘ZK	1200	腐木	>40 000				BA120127
	1840	贝壳	3430±25	3334	3153	3501	BA120126

总体上来看，9 个钻孔剖面中获取的 46 个 AMS ^{14}C 年代数据和 6 个光释光年代数据显示，这些第四纪沉积属于晚更新世以来的沉积，获取的第四系底部可靠的最老年龄为 ZK4 孔 5310cm 处光释光测得的 (43.41 ± 2.35)ka BP。收集、校正了前人的大量年代数据，较为可靠的 ^{14}C 测年和光释光测年数据中最老的两个年龄为 (85.500 ± 0.731)ka BP 和 (57.63 ± 3.41)ka BP；另外，根据获取的 13 个钻孔岩芯揭示，全新统下伏地层中并没有发现晚更新世海侵层沉积。

表 2-2 实测光释光年代数据表

钻孔	平均埋深(cm)	OSL 年龄(ka BP)	误差($\pm$ka)	实验室编号
ZK1	1520	20.29	1.41	00020
	2050	34.15	4.68	00021
ZK4	2510	39.38	3.08	00022
	3110	40.77	4.09	00023
	4010	41.56	2.94	00024
	5310	43.41	2.35	00025

二、第四纪地层岩性特征

（一）第四纪地层岩性特征综述

珠江三角洲是由西江、北江、东江、潭江、流溪河 5 条大河三角洲共同组成的复合型三角洲。20 世纪 70 年代以来，中国科学院南海海洋研究所、广州地理研究所、中山大学地质地理系、华南师范大学地理系、广东省地质局等单位的学者，分别从不同的角度对珠江三角洲的第四纪地层和沉积环境展开了研究，获得了一系列重要成果。其中以黄镇国等(1982,1984)的三旋回说，以及赵焕庭(1982)和原地质矿产部第二海洋地质调查大队联合原地质矿产部海洋地质研究所(1987)等研究提出的两旋回说最具代表性。

黄镇国等(1982,1984)根据 ^{14}C 年代、沉积相和沉积旋回，以及 306 个代表性剖面的地层对比，认为珠江三角洲经历了古三角洲、老三角洲和新三角洲 3 个发育期，即从低海面阶段(Qp_3^{1-1})到第一次海进阶段(Qp_3^{1-2}),从第二次全球性低海面阶段(Qp_3^3—Qh^1)到第二次海进阶段(Qh^{1-1}),从局部海退阶段(Qh^{1-2})到继续海进阶段(Qh^3)。将该区第四纪地层划分为6组,分别以典型的地层命名,从老到新列述如下。

1. 石排组(Qp_3^{1-1})

岩性为含深度炭化腐木的陆相砂砾或粗砂,实测样品的^{14}C年代为距今($37\,000\pm1480$)~($30\,000\pm2800$)a。孢粉组合以反映较冷气候的中亚热带的栗属和栎属占优势,此组地层属于玉木亚间冰期前段的低海面时期形成的河流相堆积。

2. 西南组(Qp_3^{1-2})

岩性主要为含咸水或半咸水生物标志的粉砂黏土,与下伏的石排组呈平行不整合,实测样品^{14}C年代为距今($28\,240\pm2000$)~($23\,170\pm980$)a。根据^{14}C年代和以热带或南亚热带的苏铁属、龙眼属和水松属等占优势的反映温暖气候的孢粉组合,推断此组滨海相地层是在玉木亚间冰期后段海进条件下的沉积,而未受海进的地区则沉积了河流相的砂和粉砂。

3. 三角组(Qp_3^3—Qh^1)

岩性以深风化黏土或冲积砂砾层为特征,前者为西南组在陆相环境时的风化产物,后者属于河流沉积,与西南组平行不整合或与基岩不整合。本组地层的孢粉含有较多的暖温带成分如柏属和枫杨属,也反映气候比前期冷,相当于海退期。推测其年代为距今($12\,000$~$11\,000$)a。

4. 横栏组(Qh^{1-1})

岩性为淤泥或砂层,与前一组地层的深风化黏土或砂砾层呈平行不整合。滨海相淤泥样品^{14}C测年为距今(8050 ± 200)~(5020 ± 150)a,5个冲积中细砂(取其中的腐木)^{14}C测年为距今(6300 ± 330)~5500a。孢粉分析结果表明,主要成分为热带与亚热带的苏铁属、栲属和水松属等,反映了当时的较暖气候,相当于大西洋期(Qh^{1-1})。

5. 万顷沙组(Qh^{1-2})

该组主要由陆相浅风化黏土和含有轻度炭化腐木的中粗砂或砂砾等沉积组成。水平相变为海相淤泥。本组地层滨海相样品的^{14}C年代为距今(4940 ± 250)~(2510 ± 90)a,冲积相样品^{14}C年代为距今(3950 ± 100)~(2540 ± 120)a。风化黏土和砂砾层为局部海退的产物。孢粉组合中以亚热带和暖温带成分如栗属、金缕梅科和枫杨属等占优势,反映了较冷的气候,相当于亚北方期。

6. 灯笼沙组(Qh^3)

该组主要由含有各种咸水或半咸水生物标志的三角洲相淤泥或粉砂所组成,实测滨海相样品^{14}C年代为距今(2350 ± 90)~(1260 ± 90)a,冲积相样品^{14}C年代为距今(2350 ± 110)~(2050 ± 100)a。根据^{14}C年代和苏铁属、水松属和水龙骨科等所反映的较暖和的孢粉组合,推测此组地层可能是距今约2500a以来的亚大西洋期的继续海进期的沉积。

两旋回说认为珠江三角洲第四系是晚更新世以来两次海侵海退的过程中发育形成,是新、老两期三角洲的叠覆。

赵焕庭(1982)认为珠江三角洲有新、老两个三角洲的沉积旋回,每个沉积旋回包括一套三角洲沉积层序,两套三角洲地层之间呈不整合接触。

(1)老三角洲——礼乐组:下段为晚更新世早期河流相沉积,其离地表一般为30~40m,不整合地覆于基岩风化壳之上。大致平行于现代分流河道,呈树枝状分布。主要为黄白色、灰白色砂砾层,未胶结,底部为砾石层,砾径为1.5~2.5cm,磨圆度好,向上渐变为以中粗砂为主的碎屑层,厚1~3m。局部淤泥质砂层中含半咸水的化石硅藻，上部砂层中含有海相贝壳淤泥。

上段为晚更新世中期三角洲沉积，其离地表一般为10m，与下段连续沉积，或不整合覆于基岩风化壳之上，空间上呈不连续面状分布，下部主要为河口湾相或三角洲前缘水下斜坡亚相的粉砂质淤泥，含有近江牡蛎壳。局部夹有河口砂坝亚相的透镜状砂体，上部为分流河道亚相充填的砂层，横向变化为三角洲平原相腐木淤泥层，离地表一般为9~13m，其^{14}C年龄距今2.3万~3.7万年。上段厚度较大，厚度变化也较大，由海向陆变薄，在新会县大鳌超过25m，中山县小榄一带为20~25m，新会礼乐一带约为10m，南海、顺德一带约5m。

上段的顶部普遍遭受过风化作用，为褐红色与白色相间的杂色黏土、亚黏土，具铁质斑纹，有时含有铁核、植物碎片，称作礼乐组风化层，其厚度为0.5~5m，顶面呈波状起伏。

（2）新三角洲——桂州组：即现代三角洲，超覆于礼乐组及其风化壳之上。下段为河口湾相的青灰色、灰黑色有机质淤泥，含有大量近江牡蛎、泥蚶、有孔虫壳等。下段的底部淤泥层中含一定数量的砂砾。青灰色含淤泥砂砾层中的腐木^{14}C年龄为(6150 ± 150)a，为中全新世海进后沉积。

中段为三角洲前缘沉积相灰黑和灰白色粉细砂或灰黑色粉砂质黏土，含有咸淡水交汇环境的蛤壳、淡水贝壳、脊椎动物遗骨和陆生植物遗体，随着三角洲前缘推移的早晚，在不同地点保留有新石器时代中晚期或历史时期的文物。贝壳等^{14}C年龄为(4900 ± 500)~(2495 ± 145)a，本段厚度一般为3~7m。

上段为三角洲平原沉积相，有多种亚相，大面积为洪泛平原黄褐色粉砂亚黏土堆积，含陆生动植物化石。其下部有沼泽相有机淤泥堆积，或为腐木泥炭层，离地表1~3m，偶见哺乳动物骨骼化石。其上部为泛滥平原相，即表层1~3m厚，上游常埋藏有新石器遗址，而在中下游常埋藏有历史时代文物。河床亚相主要为砂层，也含其他粒级的碎屑。测得的腐木^{14}C年龄为(2170 ± 90)a、(2050 ± 100)a。

原地质矿产部第二海洋地质调查大队和原地质矿产部海洋地质研究所（1987）根据该队所打的28口浅井及前人钻探的数百口浅井的资料综合对比，也认为珠江三角洲第四系是在两次海侵的基础上发展起来的，他们将珠江三角洲第四系划分为2个地层组、6个地层段：晚更新统称为中山组，可细分成上、中、下3段，全新统为顺德组，也可分出3个地层段。它们是距今4万年以来受晚第四纪两次规模较大的海侵和一次大的海退影响而生成发展起来的，它们构成了两套较大的沉积旋回，前者为一套水进型溺谷湾沉积，后者为一套湾内充填型三角洲沉积。

另外，陈培红（1987）、李平日等（1989）也对珠江三角洲第四纪地层进行了研究，他们把珠江三角洲第四纪的底界推进到了中更新世（Qp_2）。

李平日等（1989）在大量年代学、古生物学、沉积学和地球化学测试的基础上，发现广州地区第四系岩性从老至新出现3个下粗上细的韵律组：中更新世海进初期以河流作用为主的海陆交互相卵石沉积和海进盛期以海积作用为主的海陆交互相砂砾石沉积；晚更新世中期前段的冲洪积砂砾石沉积和中期后段海积的黏土、粉砂质黏土；晚更新世晚期冲积、冲洪积的砂砾石沉积（局部地区为风化黏土）和全新世海积的淤泥、淤泥质黏土。并将第四系进行了划分，从下往上依次为：中更新统白坭组（Qp_2bn），上更新统中段下部石排组（$Qp_3^{1-1}sp$），上更新统中段上部西南组（$Qp_3^{1-2}x$），上更新统上段三角组（Qp_3^3s），下全新统杏坛组（Qh^1xt），中全新统下段横栏组（$Qh^{1-1}hl$），中全新统上段万顷沙组（$Qh^{1-2}w$）和上全新统灯笼沙组（Qh^3dl）。这一划分方案综合了陈培红（1987）对中更新统的认识，并在黄震国等（1982，1984）认识的基础上，把杏坛组（Qh^1xt）从三角组（$Qp_3^3—Qh^1$）中划分了出来。实践证明，这个方案对断层活动性调查评价较为适合。

在珠江三角洲地区，对第四系划分目前仍没有一个统一的方案。表2-3为佛山地质局在前人工作的基础上对珠江三角洲地区第四系的认识。

（二）珠江三角洲第四纪主要地层格架及岩性特征

在前人研究的基础上，为了查清珠江三角洲地区第四纪地层格架的岩组特征，利用前人及自有的13个钻孔岩芯组成了纵横穿越珠江三角洲的两个大剖面：ZK12、ZK11、ZK5、ZK1、ZK2、ZK4、ZK13、ZK9

表 2-3 珠江三角洲地区第四系综合地层表

地质时代及代号	地层单位及代号 (滨海、三角洲平原)	地层单位及代号 (山丘河谷平原)	地层柱状图	^{14}C年代及时代分年代(距今,a)	岩性特征		
晚全新世 Qh^3	桂州群 灯笼沙组 Qh^3dl	北岭组 Qh^3bl		$(1260\pm90)\sim(1680\pm90),(2052\pm100)\sim(2350\pm100)$ ——2500——	QhG:为深灰色淤泥、粉砂质淤泥,局部夹黏土及淤泥质粉砂透镜体。厚22m。浅海-河流-浅海相	$Qhdl$:上部灰黄色粉砂质黏土,下部深灰色粉砂质淤泥。河海混合相。厚28m Qhw:灰黄色中细砂含砾砂质淤泥、浅风化黏土。河流相为主或风化期。厚27m $Qhbl$:深灰色淤泥或淤泥质砂。以海相为主。厚16m	$Qhbl$:含砾腐殖黏土、黏土质砂、砂砾、块石和矿石等。厚15m。冲洪积相 Qhm:灰色、灰黄色、灰黑色黏土、粉砂质黏土、砂质黏土、夹细砂、粉砂和淤泥。厚35m。主要为河流湖相	$Qhdw$:上部为深灰色粉砂质黏土、黏土、砂质黏土、淤泥,局部有泥碳土;下部为灰黄色、灰色卵石、砾石、砂砾石,夹粗砂、细砂。厚度变化大。主要为河流相
中全新世晚期 $Qh^{2(2)}$	万顷沙组 $Qh^{2-2}w$	大湾镇组 $Qhdw$		$(2510\pm90)\sim(4900\pm250)$ ——5000——			
中全新世早期 $Qh^{2(1)}$	横栏组 $Qh^{2-1}hl$	睦岗组 Qhm		$(5020\pm150)\sim(5030\pm250)$ $5360\pm160,(6510\pm170)\sim(8050\pm200)$ ——7500——			
早全新世 Qh^1	杏坛组 Qh^1xt			——10 000——	Qhm:灰黄色砂砾或中粗砂。河流相或风化期。厚10m		
晚更新世晚期 Qp_3^3	礼乐群 三角组 Qp_3^3s	陆丰组 Qp_3^3l	小市组	$11620\pm380,(15000\pm550)\sim(21000\pm1500)$ ——22 000——	Qp_3L:上部主要为花斑色及灰色黏土,富含铁质结核,厚17~28m;下部为砾石、砂砾、中粗砂等。厚1~7m。浅海相	Qp_3s:风化黏土(花斑色黏土)。风化期。厚35m Qp_3x:深灰色粉砂质黏土。海相为主。厚17m Qp_3sp:黄色砂砾或中粗砂。河流相。厚度17m	Qp_3xs:上部为花斑色黏土、亚黏土;中部褐黄色含黏土中粗砂;下部土黄色含泥砂砾。冲洪积相。厚15m
晚更新世中后期 $Qp_3^{2(2)}$	西南镇组 Qp_3^{1-2}	Qp_3xs		$(23170\pm980)\sim(25410\pm420),(27390\pm500)\sim(30440\pm2300)$ ——32 000——			
晚更新世中前期 $Qp_3^{2(1)}$	Qp_3L	石排组 $Qp_3^{2(1)a}sp$		$(33000\pm3000)\sim(37000\pm1480)$ ——40 000——			
晚更新世早期 Qp_3^1	黄岗组 Qp_3hg	狮岭组 Qp_3sl		——70 000——	Qp_3hg:上部为粉砂、中砂、砂砾、砂质黏土;下部为粗砂、砾石层。厚5~17m。冲积相	Qp_3sl:上部为粉砂质黏土、砂质黏土、红黏土;下部为砂砾、细砂、粉砂。厚30m,冲洪积相	
中更新世 Qp_2	白坭组 Qp_2bn			——200 000—— 热释光年龄值: 316000 ± 25000, 385000 ± 26000 ——600 000——	上部为黄红色、综红色、褐色含砾黏土,粗砂;中部为粗砂卵石层,红土胶结;下部为灰黄色砂卵砾石及黏土。冲洪积相。厚41m		
第三纪 E				——3 500 000——	灰绿色、紫红色、褐红色火山角砾岩,火山凝灰岩,粗面岩,顶部玄武岩。东部相变为砂砾岩,胶结较差		

这8个孔由北往南从三角洲的顶端四会到滨海珠海,ZK8、ZK3、ZK4、ZK6、ZK7、ZK10这6个孔由西往东从西江边江门一直到东江边东莞,两个连井剖面相交于ZK4孔(图2-5)。并根据钻孔岩芯沉积特征、微体古生物分析,以及^{14}C、光释光测年等资料,结合南中国海海平面变化记录,利用层序地层学的原理,将珠江三角洲地区第四系由上到下分为4个层(图2-7,图2-8),其中全新统3层,比较典型。由于这一时期海平面低,该地区发育河流等陆相沉积和暴露风化层,地层不连续,因此我们在钻孔剖面中暂不分层,留待典型剖面中细分。

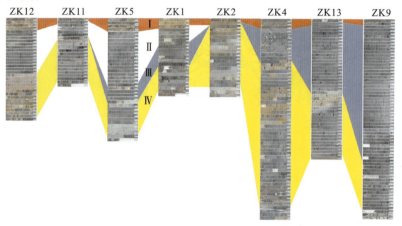

图 2-7 珠江三角洲纵向连井剖面

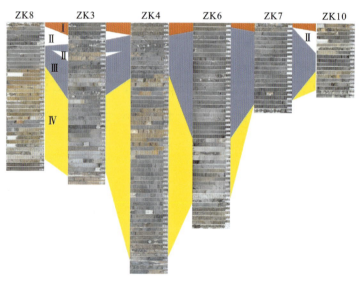

图 2-8 珠江三角洲横向连井剖面

第Ⅰ层:这一层位于珠江三角洲第四系的顶部,为人工堆积层,是伴随着珠江三角洲地区经济社会发展的产物,杂乱堆积,常见碎砖等成分,分布不均,厚度一般数米。

第Ⅱ层:这一层为全新世以来发生的河流等陆相沉积,钻孔中以河流砂、河漫粉砂、黏土等沉积为主,覆盖于末次冰期低海平面时发育的风化黏土层、全新世海侵沉积层之上,局部穿插于海侵沉积之中(如ZK3孔),主要分布于三角洲顶部和东、西两侧,呈边缘厚,向中间逐渐尖灭;测年数据一般为5000~2500a,结合测年数据,该层为万顷沙组(5000~2500a)。

第Ⅲ层:该层为全新世海侵层,是末次冰期后,海平面上升形成的海相沉积,钻孔中以灰色黏土、粉砂质黏土、黏土质粉砂为主,边缘见滨岸砂,底部见黑色泥炭等,上覆第Ⅰ层人工堆积物,或第Ⅱ层河流等陆相沉积(主要发育于边缘部分),分布上与第Ⅱ层基本相反,厚度纵向上由三角洲顶端向海方向逐渐增加,横向上由东、西两侧向中间逐渐增加;测年数据一般为7500~5000a,结合测年数据,该层为灯笼沙组。

第Ⅳ层:该层为更新世河流等陆相沉积或风化暴露层,主要发育于末次冰期低海平面时期,该层上部多发育风化杂色花斑黏土,与上覆地层呈不整合接触,下部河流相发育,见河流砾石、砂等,不整合于下伏基岩之上,分布上无明显规律,主要受基底地形和河流等的控制。

三、珠江三角洲第四系典型剖面

珠江三角洲平原区内的残丘、台地星罗棋布,大多数遭受风化剥蚀而基岩裸露,第四系覆盖物较薄或缺失,仅在平缓的阶地上才得以保存。以下是项目开展过程中在西淋岗、石楼、眉山发现的第四系剖面,我们对3条剖面露头进行了详细的调查研究并采集了部分光释光样品。

1. 西淋岗第四系剖面

在顺德陈村西淋岗西南山坡的二级阶地上发现上更新统的3套河流或洪冲积沉积物,不整合于花岗岩风化壳之上(图2-9)。

图 2-9 西淋岗晚更新世的3套地层及其下的红壤风化壳

在图2-10中,前人认为近水平(Qp_3^A)与倾斜的(W4+W3)两套第四纪地层(原分别称"Qp_3^b"和"Qp_3^a")的发育是由于断裂活动引发的不整合接触(陈国能等,珠江三角洲第四纪重大地质事件现场学术研讨会,2008)。若将本剖面W4、W3和W2与"华南花岗岩红土型风化壳综合剖面"(熊广政,1965;史德明,1984;吴克刚,1989;吴志峰等,2000)对比,我们认为,近水平的晚第四纪沉积层不整合于倾斜的花岗岩风化壳之上,二者接触关系是一种"嵌合",其地质意义完全不同于地壳变动形成的构造角度不整合。

(1) 花岗岩红土型风化壳。西淋岗花岗岩风化壳属红土型风化壳(图2-10),自上而下可描述如下。

灰褐色土层(W4):厚约0.2m,由含微量有机质的灰色黏土层和褐色黏土层构成,粒状结构,成壤作用明显。

灰白色砂土层(W3):厚约0.2m,呈散粒结构。水解作用明显,石英、长石颗粒粗细混杂。

碎屑层(W2):厚0.2~0.5m,具花岗岩原生结构,富含角砾状碎屑,向上与灰白色砂层界线模糊,网纹状红土结构明显。

球状风化层(W1),未见底,保留花岗岩颜色、矿物结晶与结构,节理、裂隙发育。

在上述剖面中,我们注意到,不同的层之间都不是沉积接触,而是花岗岩在地表条件下原地接受氧化、水解、淋滤和水合等不同风化作用与程度的产物,层间渐变过渡。

图 2-10　佛山西淋岗晚第四纪沉积与风化壳接触关系(镜向东)

(2) 晚第四纪沉积区内晚第四纪地层可分为三部分,代号分别为Qp_3^A,Qp_3^B和Qh^c(图 2-11),这里仅对其组成和接触关系做简单归纳。

Qp_3^A为杂色砂与黏土互层,总厚度约 6.5m。底为砾石层,覆于花岗岩风化壳之上,顶部为层理不发育的浮土(暂不作为第四纪地层的观测和研究的对象),在 TC9 中其顶部为薄层铁锰质结壳,代表沉积间断(图 2-11),同上伏Qp_3^B构成一个小型平行不整合。

图 2-11　西淋岗晚更新世和全新世沉积

Qp_3^B为褐黄色含砾中粗砂夹透镜状细砂,松散,水平层理发育,厚度大于 3m,其下与Qp_3^A平行不整合接触(图 2-11),顶部有现代冲沟冲刷充填。

Qh^c为现代冲积砂土,充填于Qp_3^B顶部发育的冲沟内。

西淋岗Qp_3^A下伏厚层红色风化壳保存完整、第四纪沉积中仅发育平行层理,未见斜层理、交错层理,这些特征显示了本区经过长期的风化作用后,晚第四纪开始接受近源的坡、洪积和积水洼地沉积。目前比较一致的看法是,珠江三角洲内的第四系主要由上更新统和全新统组成(黄镇国等,1982;李平日等,1988;张珂等,2009;王萍等,2011)。在沉积时间上,Qp_3^A中的 2 个黑色黏土层是否对应珠江三角洲第一、二次海侵旋回,需要进一步的年代学和沉积学研究结果证实。

2. 石楼第四系剖面

在番禺石楼海拔约 15m 的阶地上,发育厚约 12m 的晚更新世沉积层,沉积构造清晰(图 2-12),自下而上可分为 3 层。

图 2-12　石楼第四系剖面全景(镜向西)

(1) 粉砂质枯土层：该层为基岩风化残积而成，不整合覆盖于底部强风化混合岩之上；底部为黏土质细砂，灰黄色、褐黄色，含白色斑状长石碎块；中间为浅黄色中粗砂，局部见褐铁矿层，呈波浪起伏，或呈眼球状；顶部为灰白色中细砂，发育厚约 4~8mm 的褐铁矿层，顶面平坦。该层局部含有大量砾石，砾石主要成分为石英岩、硅化砂岩。砾径 3~12cm 不等，砾石呈棱角状。

(2) 泥炭层(Qp_3^b)：呈深黑色、灰黑色淤泥或淤质黏土，沉积厚度北边薄南边厚，平均厚度约 2.6m，最厚的地方为 3.2m，水平层理发育(图 2-13)，该层总体产状向北倾斜 2°~3°，与上覆沉积层和下伏黏土质砂层界限明显，在底部含大量腐木、树枝碎片和叶片等，顶部有一层厚约 1cm 的褐铁矿壳层；光释光测年结果为 2.5 万~3.3 万年。

(3) 黏土质砂层(Qp_3^c)：总体上呈黄褐色—灰黄色中粗砂，无分选、无磨圆，砂砾间充填大量土黄或褐黄色的粉质黏土或粉土，局部含角砾，角砾呈透镜状，层厚度大于 4m。底部与下伏地层平行不整合，接触界面发育褐铁矿铁壳层，显示存在沉积间断。

图 2-13　石楼第四系剖面 Qp_3^b 和 Qp_3^c 层(镜向北西)

3. 眉山第四系剖面

本条剖面位于番禺南村镇眉山村大坑聚石场西北侧开挖面，呈北东走向，总长约 1km。第四系沉积厚 5~8m，直接覆盖于花岗岩风化壳之上，对剖面进行了测量、取样(图 2-14)，柱状图如图 2-15 所示。

综合分析，结合测年资料，眉山剖面自下而上可以分为 3 层，见图 2-15。

(1) 砂质黏土层(Qp_3^a)：下部为黄色—褐黄色砂质黏土，厚 20~40cm，往下过渡为粉细砂，含有中粗砂和砾，覆盖于花岗岩风化壳之上，两者之间界限模糊；中部为灰黄色—深灰色淤质黏土，局部含砂较

图 2-14 番禺台地眉山采石场(海拔 23m)晚更新世沉积

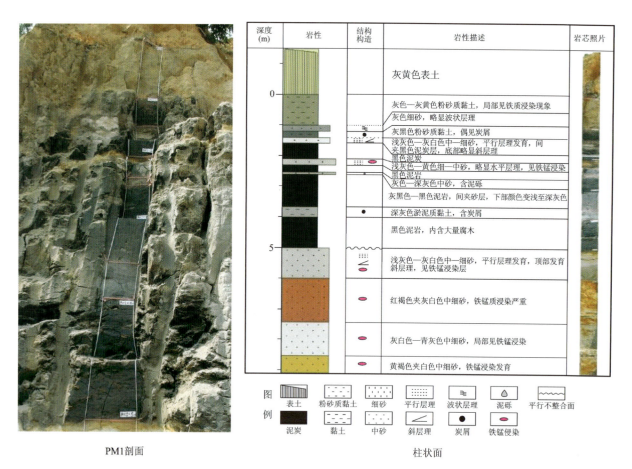

图 2-15 番禺台地眉山采石场(海拔 23m)晚更新世沉积剖面和柱状图

多,颜色较浅,层理发育,层理厚 1～3cm,总厚度 50～150cm;上部为褐黄色—土黄色砂质—粉砂质黏土,厚 10～15cm,顶部发育厚 1～3cm 的铁壳层;光释光测年结果 4.03 万～5.5 万年。

(2) 淤质(黏质)砂层(Qp_3^b):下部为浅黄色中粗砂—细砂互层,中间夹有厚约1~5cm褐色黏土,水平层理发育,总厚度约150~200cm;中部为灰黑色淤泥质黏土,靠近下部中细砂含量较高,颜色浅,中间淤泥含量高,灰黑色,同一层位见有泥炭或腐木,水平层理发育,总厚度120~150cm;上部为浅灰色—浅黄色中细砂层,层理较发育,层理间距1~2cm,厚约50cm;光释光测年结果为2.03万~3.15万年。

(3) 砂层(Qp_3^c):土黄或黄色粗—中细砂,分选不好,无层理,微弱胶结,主要成分为石英、长石,少量岩屑,总厚度约150~180cm,其顶部堆积灰黑色杂乱的人工填土。光释光测年结果为1.51万~1.73万年。

四、第四系之下普遍发育网纹红土——准平原标志

野外调查剖面和钻孔均显示,晚更新世地层与下伏基岩及其风化层呈不整合接触。残坡积基岩风化层主要发育在燕山期花岗岩,下古生代变质岩,侏罗纪、白垩纪、第三纪等时代基岩上的红色风化壳,厚度从10多米至数十米不等,其中尤以花岗岩风化壳最厚,自上而下又可划分为全风化红土层、强风化的斑状网纹红土砂砾层、中风化的基岩砂砾层与微风化的基岩。其他类型的基岩风化壳结构简单,层次较少,厚度也较小。第四纪沉积之下广泛发育的红壤风化壳,则指示第四纪盆地形成之前,本区一直处于准平原阶段(图2-16)。

图2-16 第四系之下普遍发育网纹红土——准平原标志

五、珠江三角洲地区第四纪沉积环境

共获取AMS ^{14}C年代数据46个,光释光年代数据6个,并收集、校正了前人的大量年代数据。根据我们的测年工作,获取的可靠年龄中,最老年龄为ZK4孔底部的光释光年龄(43.41±2.35)ka BP,前人的工作中较为可靠的^{14}C测年和光释光测年数据中最老的两个年龄为(85.500±0.731)ka BP和(57.63±3.41)ka BP。三角洲是河流流入海洋、湖泊等水域时,因流速减低,所携带泥砂大量沉积,形成的水上水下沉积体系。结合南中国海晚更新世以来的海平面变化记录,末次冰期时南中国海海平面较现今低数十米,末次冰盛期最低海平面甚至超过−120m,河流入海的位置要往南100多千米。根据三角洲的定义,末次冰期低海平面时现今的珠江三角洲地区尚不属于三角洲的范围。因此,我们认为现代珠江三角洲发育于晚更新世以来,或者说是末次冰期以来。

本书在前人研究成果(黄镇国等,1982;陈国能等,1994)的基础上,根据西淋岗、番禺石楼和眉山地

区第四系野外出露特征,系统的 OSL、^{14}C 测年数据,沉积相分析,与相邻区域第四系剖面对比(图 2-17),将珠江三角洲地区的沉积旋回做如下划分(表 2-4)。珠江三角洲地区晚第四纪沉积自下而上可分为前三角洲、老三角洲、后三角洲和新三角洲 4 个沉积旋回,先后经历过两次海侵:第一次发生于晚更新世中期,距今约 40～20ka,第二次海侵发生于全新世,两次海侵先后形成老、新三角洲两个沉积旋回。

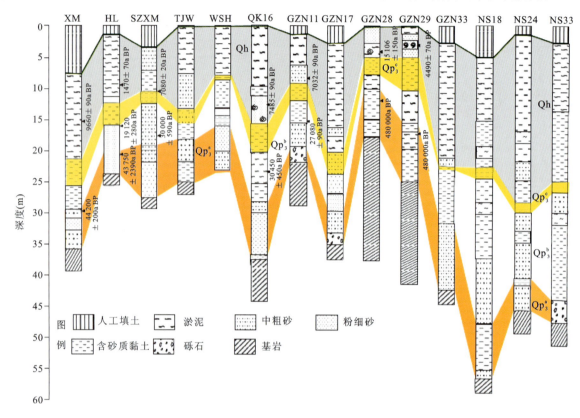

图 2-17 珠江三角洲及其邻区第四纪地层综合对比

在第一次海侵(大约 4 万年)之前,本区经历了较长风化剥蚀时期(约 2.0 万～5.7 万年)之后开始出现陆相沉积。珠江三角洲北部(瘦狗岭断裂以北)山麓河谷地区以洪冲积,岩性为黄褐色黏土质粗砂、含砾粗砂、中粗砂为主,珠江三角洲南部地区仅见河流相沉积,岩性主要为各种粒级的砂或砂砾,西淋岗、眉山地区 Qp_3^a 层年代在 52～40ka BP 之间,岩性、年代与过去认为的石排组相当,为本区前三角洲沉积阶段;在 42～40ka BP 后有过短时期的风化剥蚀,形成西淋岗、眉山地区 Qp_3^a 顶部古土壤层和 1～2mm 厚的褐铁矿。

约在 40～20ka BP,本区发生第一次较大规模海侵,在西淋岗等地由侵蚀基准面上升发育黏土—砂互层沉积,水平层理发育;其他形成海相沉积,以粉砂质黏土至淤泥质细砂为主,含有孔虫或海相自生矿物海绿石,且存在 2～3 个沉积韵律变化,显示此次海侵存在次级的海平面波动。西淋岗、石楼、眉山等的测年与其相当,为西南镇组,为本区第一次(晚更新世)海侵形成河口相沉积,此次海侵形成为本区古三角洲沉积旋回。

约在 20～10ka BP,第四纪末次冰期开始,珠江三角洲地区发生大规模海退,随着海面下降,沉积物从海相沉积逐渐演化湖泊相到沉积间断-剥蚀期,形成黏土质细砂风化层,在西淋岗、石娄、眉山等地形成 Qp_3^c 层,黄褐色—灰黄色含砾中粗砂层理不明显,分选极高粉尘,可能为冰期风带来的粉尘。西淋岗等地沉积年代在 20～13ka BP 之间,相当于前人划分的三角组。本区 Qp_3^c 层沉积,代表海水从古三角洲退出之后的沉积,故将其划分为"后三角洲"旋回。

表 2-4 珠江三角洲第四纪沉积旋回划分方案

地层系	统	地层代号	年代(ka)	地层	岩性	沉积相	沉积旋回		
							黄镇国等,1982	陈国能等,1994	本书
第四系	全新统	Qh	2.5~5	灯笼沙组	粉砂质黏土和淤泥	河海混合相	新三角洲	新三角洲	新三角洲
			5~7.5	万顷沙组	中粗砂和黏土	河相			
			7.5~10	横栏组	深灰色淤泥,底部为砂或粉砂	海相	老三角洲		
	上更新统	Qp_3^c	10~20	三角组	黄色或杂色粉质黏土、含粉质黏土质砂,顶部花斑状结构	粉尘与风砂混合相		老三角洲	后三角洲
		Qp_3^b	20~40	西南镇组	南部灰色淤泥和淤泥质粉砂为主、北部砂砾或黏土为主	海、河相	古三角洲		老三角洲
		Qp_3^a	40~55	石排组	砂砾和中粗砂	冲洪积、河相		前三角洲	前三角洲

约在1.2万年之后,本区发生第二次海侵,对应于大西洋期海侵。本次海侵持续时间较长,约2~4ka,范围也比晚更新世海侵更广,强度也更大,海侵高峰期在2.5~6ka(杨小强,2007)。西淋岗、石楼、眉山等地由于构造抬升,海水未能到达,缺失全新世以来的沉积。

本书全新统划分与前人划分一致,从岩性特征划分了3个层,即第Ⅰ—Ⅲ层:第Ⅰ层位于珠江三角洲第四系的顶部,为人工堆积层;第Ⅱ层为全新世以来发生的河流等陆相沉积,为全新世海侵未到达处发育的陆相沉积,与万顷沙地层对应;第Ⅲ层:该层为全新世海侵层,是末次冰期后,海平面上升形成的海相和沼泽相等沉积,与前述横栏组对应。

第二节 珠江三角洲第四纪主要地貌体特征和形成时代

第四纪主要地貌体也是研究断裂活动性的重要载体。珠江三角洲经济区和断裂活动性及新构造运动联系比较紧密的第四纪主要地貌体有河流阶地、侵蚀台地及海蚀阶地等,正确认识这些地貌体的特征和形成时代对新构造运动的研究极其有益。本书在前人研究的基础上对上述地貌体的特征和形成时代进行总结。

一、河流阶地

与新构造运动相关的地貌学研究本区以河流阶地为主。河流阶地是河流在空间时序变化发展过程中地貌的塑造而形成的,对构造运动极其敏感,是河谷地貌中最突出的现象之一。它储存着许多地球变化的信息,研究河流阶地能进一步了解地球演化的规律。

珠江三角洲周边存在60~80m、40~50m、23~30m、13~20m和10m以下高程的多级台地和阶地(图2-18),其平原之下又存在埋藏的第四纪红壤风化壳,埋藏的保存中更新世—晚更新世动物群化石的喀斯特溶洞、埋藏阶地、埋三角洲等构造地貌现象表明,第四纪以来三角洲经历过多次抬升和沉降,前人对此做过深入研究,代表性的有中山大学的刘尚仁和广东省地震局的陈伟光、张虎男。

刘尚仁等根据近30年来的野外考察、采集样品测龄,并收集众多学者的研究成果,含至少24条河

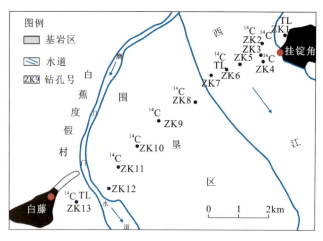

图 2-18 二级阶地分布图

流、80处河流阶地、97个^{14}C或热(光)释光测龄数据等资料,总结珠江三角洲及其临区河流阶地的分布与特征及形成时代(表 2-5)。

表 2-5 西江阶地形成时代总结

地貌类型	沉积物年代的几种意见					
	1:50万广东省地质图说明书,1977	《广东省区域地质志》,1988	张德维等,1996	《广西区域地质志》,1985	张继淹,1998	刘尚仁,2003
四级阶地 T4	Qp_2	Qp_{1-2}	/	Qp_1	待确定	Qp_{1-2}
三级阶地 T3	Qp_2	Qh	/	Qp_2	Qp_2	Qp_2
二级阶地 T2	Qp_3	Qh	Qp_{1-3}	Qp_3	Qp_3	Qp_2为主,少数可延至Qp_3
一级阶地 T1	Qh	Qh	Qh	Qh	Qh	Qp_3为主,可被Qh不连续覆盖
河漫滩 T0	Qh	Qh	Qh	Qh	Qh	Qh

以三水白坭二级阶地剖面(图 2-19)为例,测年结果形成时代为Qp_2(180~120ka BP)。结合表 2-5 综合对比分析,可以得出:河漫滩出露高度一般为 0.3~3m,形成时代为 Qh;一级半埋藏阶地为Qp_3;二级阶地高度 13~25m,形成时代为 180~120ka BP。

图 2-19 白坭二级阶地

陈伟光、张虎男、陈国能等发表了珠江三角洲地区14个不同时代的地貌体的年代数据,并据此初步探讨三角洲地区晚第四纪以来新构造运动的时间、空间序列以及运动的幅度和速率(表2-6)。

表2-6 珠江三角洲地区三期地貌体的年代数据

编号	时代	地貌体	地点	高程(m)	绝对年代($\times 10^4$ a BP)	数据来源	方法
1	Qp_1—Qp_3	二级上叠式河流阶地	三水木棉围左田村附近	15*	3.46±0.25 9.54±0.61 16.28±1.1 19.93±1.33	笔者	TL
2	Qp_3	二级河流阶地	博罗铁场	14*	2.32±0.17 2.52±0.19 4.31±0.19	笔者	TL
3	Qp_3	埋藏二级河流阶地	中山横栏	−22.5*	3.04±0.15	广州地理研究所	^{14}C
4	Qp_3	埋藏二级河流阶地	三水西南	−25.7*	2.82±0.22	广州地理研究所	^{14}C
5	Qp_3	埋藏二级河流阶地	东莞中堂	−15.9*	2.51±0.05	广州地理研究所	^{14}C
6-1	Qp_3	埋藏二级河流阶地	珠海西江口磨刀门	−35*	2.03±0.13	笔者	TL
6-2	Qp_3	埋藏二级河流阶地	珠海西江口磨刀门	−50*	2.04±0.18	笔者	TL
7	Qh	一级海积阶地	珠海磨刀门挂锭角	2.5	5.54±0.35 6.47±0.4	笔者	TL
8	Qh	一级海积阶地	东莞虎门沙尾	3	7.33±0.15	广东省地震局	^{14}C
9	Qh	埋藏一级阶地	珠海西江口磨刀门	−18	6.44±0.41	笔者	TL
10-1	Qh	埋藏古三角洲	珠海西江口磨刀门	−20.5	5.84±0.03	笔者	^{14}C
10-2	Qh	埋藏古三角洲	珠海西江口磨刀门	−20	3.11±0.14	笔者	^{14}C
11	Qh	埋藏古三角洲	中山三角	−9	5.79±0.17	广州地理研究所	^{14}C
12	Qh	埋藏古三角洲	番禺九比	−21	5.36±0.16	广州地理研究所	^{14}C
13	Qh	埋藏古三角洲	顺德杏坛	−4.5	5.00±0.19	二海	^{14}C
14	Qh	埋藏古三角洲	中山大涌	−6.1	4.71±0.12	二海	^{14}C

注:*为相对高程,其余为绝对高程。

二、番禺五级台地

五级台地在番禺发育典型。主要由花岗岩、混合岩和砂页岩等构成,系长期遭受侵蚀夷平的基准面,后因地壳间歇性抬升,复经侵蚀切割而成。按丘顶的高度,可将台地分为5级(图2-20),调查研究认为主要特征如下。

(1)一级台地:标高小于15m,相对高差小于5m,风化壳厚10~20m,按湿润热带岩石风化速率(0.5m/万年)推算,形成于10万~40万年前(Qp_1—Qp_1^3)。

(2)二级台地:标高20~25m,相对高差小于10m,风化壳厚30m左右,形成于23万~60万年前(Qp_1—Qp_1^3)。

(3)三级台地:标高30~45m,相对高差小于20m,风化壳厚30~40m,形成于60万~80万年前

(Qp_1—Qp_1^2)。

（4）四级台地：标高 60～80m，相对高差小于 30m，风化壳厚 40～50m，形成于 80 万～100 万年前（N_1—Qp_1）。

（5）火山岩台地：仅见于博罗县杨村—蓝田一带，由 $RQ\beta$ 玄武岩构成，呈北东向展布，标高 20～60m，高差<2.5m。

图 2-20　番禺典型台地地貌

三、海蚀阶地和平台

海蚀阶地和平台是第四纪作用的产物，调查发现海蚀阶地分 4 级，阶面标高一级为<10m、二级为 13～25m，三级为 30～45m。各级海蚀阶地的阶面多呈弯月形，宽 200～300m，局部达 900m，长 2～11.5km，阶面微波状起伏，向海倾斜。其上礁石叠立，局部见厚 0.5m 的砂质黏土及贝壳、海蚀壁龛。图 2-21 是部分调查的海蚀地貌及其剖面图（图 2-22），表 2-7 是部分海蚀平台的标高和推测形成的时代。

图 2-21　七星岗（左）、小虎山（右）海蚀遗迹

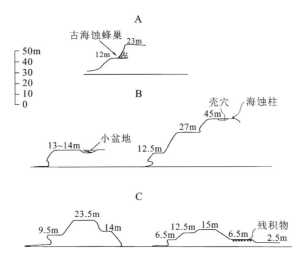

图 2-22 木船洲、黄阁(小虎山)、东莞路东村海蚀阶地示意图
A. 木船洲；B. 黄阁(小虎山)；C. 东莞路东村

表 2-7 珠江三角洲地区海蚀阶地高度对比(m)

阶地级别	七星岗	小虎山	上、下横档	东莞路东	木船洲	汕尾*	备注	推测时代
T0				6.5		6	风化	
T1	11	12.5	11	12.5	12	12		MIS7(约 22 万年)
T2	25~28	27	16~17	13~15	23	25	红土化	MIS9(约 32 万年)
T3	39~43	45	23	23.5			深度网纹红土	MIS11(约 42 万年)

注：*.Kevin Pedoja,2008。

第三章 西江断裂的基本特征与第四纪活动性

第一节 西江断裂带组成及分布

西江断裂是控制珠江三角洲断陷盆地西缘的区域性断裂。西江断裂在地貌上主要表现为沿西江右岸山体，如沙坪、马口岗附近发育多处断层三角面，基本上控制了三水盆地的西侧边缘，为丘陵与三水盆地西边缘相交处。从地层出露情况看，西江右岸山体构造线为北东向至近东西向，出露地层主要为泥盆系、石炭系和上三叠统至中侏罗统，大沙地区有小块古近系出露，缺失白垩统，推测断裂可能形成于燕山期；西江东侧三水构造盆地内地层由白垩系、古近系、新近系及第四系组成，长轴近南北向，盆地边缘零星出露石炭系和三叠系；从第四系厚度上分析，西江断裂控制了珠江三角洲晚第四纪沉积，东盘厚度比较大，等厚线呈北西向展布。地貌和地层方面证据可以充分说明西江断裂的存在（张虎南等，1990）。

已有研究表明（张虎南等，1990），西江断裂基本上沿西江下游的北西向河谷发育并延伸，向南东直入磨刀门，隐伏于南海，向北西可能沿绥江延续至广宁、怀集一带，全长约200km，走向310°～340°之间，总体倾向北东，倾角大于70°，大部分被第四系或水系覆盖，因而主断面不易确定，但地表可见若干构造迹象，它是由多条断裂组成的断裂束，呈斜列式排列。根据西江右岸南蓬山断裂地表出露的地质情况以及西江左岸了哥山断裂等资料分析，与西江断裂大致平行的次一级北西向断裂非常发育，它们错断了北东向的褶皱和断裂。西江左岸在三水白坭镇黄岗里附近见断层硅化带、侏罗系砂岩强烈蚀变，存在褐铁矿化和硅化现象，右岸金本的江根附近见断层角砾岩和石英脉穿插，高明的南蓬山附近见断裂破碎带，其硅化带宽度达5m，新会棠下附近见硅化带、褐铁矿化，江门外海南大岗、斗门黄杨山、刘家环附近也有断裂硅化、褐铁矿化现象，在斗门黄杨山，断裂带内可见厚约3cm的断层泥，等等。

我们在1：50 000调查和隐伏区探测的基础上，结合前人的资料，根据西江断裂不同段落的地形地貌、第四纪等厚线、地震活动强度及地壳垂直形变等特征，从北向南，将西江断裂划分为3段（图3-1）。北西段为三水西江与北江交汇的思贤滘至高明富湾段，主要由丹灶断裂（F001）、富湾断裂（F002）组成，主干断裂偏西，并出现在泥盆系至石炭系中，控制河谷和冲沟的发育。中段起于鹤山，终止于江门外海附近，主要由了哥山断裂（F003）、九江断裂（F004）组成，沿西江两岸分布，出现在古生界和侏罗系中。布格重力异常为沿河流方向，是一个正负异常的转换带。TM图上呈线状河流，残山与第四系呈直线状边界，鹤山一带发育断层三角面。南东段起于江门外海，止于斗门区南段，主要由大敖断裂（F005）、白蕉断裂（F006）组成，主要出现在燕山期花岗岩中，控制磨刀门第四纪断陷的发育。

据《磨刀门大桥工程勘测报告》资料，在磨刀门水道，通过瞬变电磁法发现3条分别宽约40m、100m、200m的北西向异常带，间距分别为500m、550m，推测断裂倾向南西，倾角70°～89°。经钻孔验证，只有中间异常带的钻孔（ZK8）在39～57.2m处见到断裂破碎带。其上部为石英、黏土质构造岩，下部为构造角砾岩。角砾成分以石英为主，次为长石，大小不一，一般1～3mm居多，最大为1cm左右，泥质胶结，固结程度较差，绿泥石化和绿帘石化强烈。于46m处采样做石英形貌电镜扫描分析，认为最后活动期为早更新世—晚更新世，其活动方式以蠕滑为主，兼有少量粘滑。断裂带历年来小震不断发生，与广三断裂交会处曾发生3级小震，表明断裂带在近代仍有活动，是值得注意的孕震地段（庄文明等，2003）。

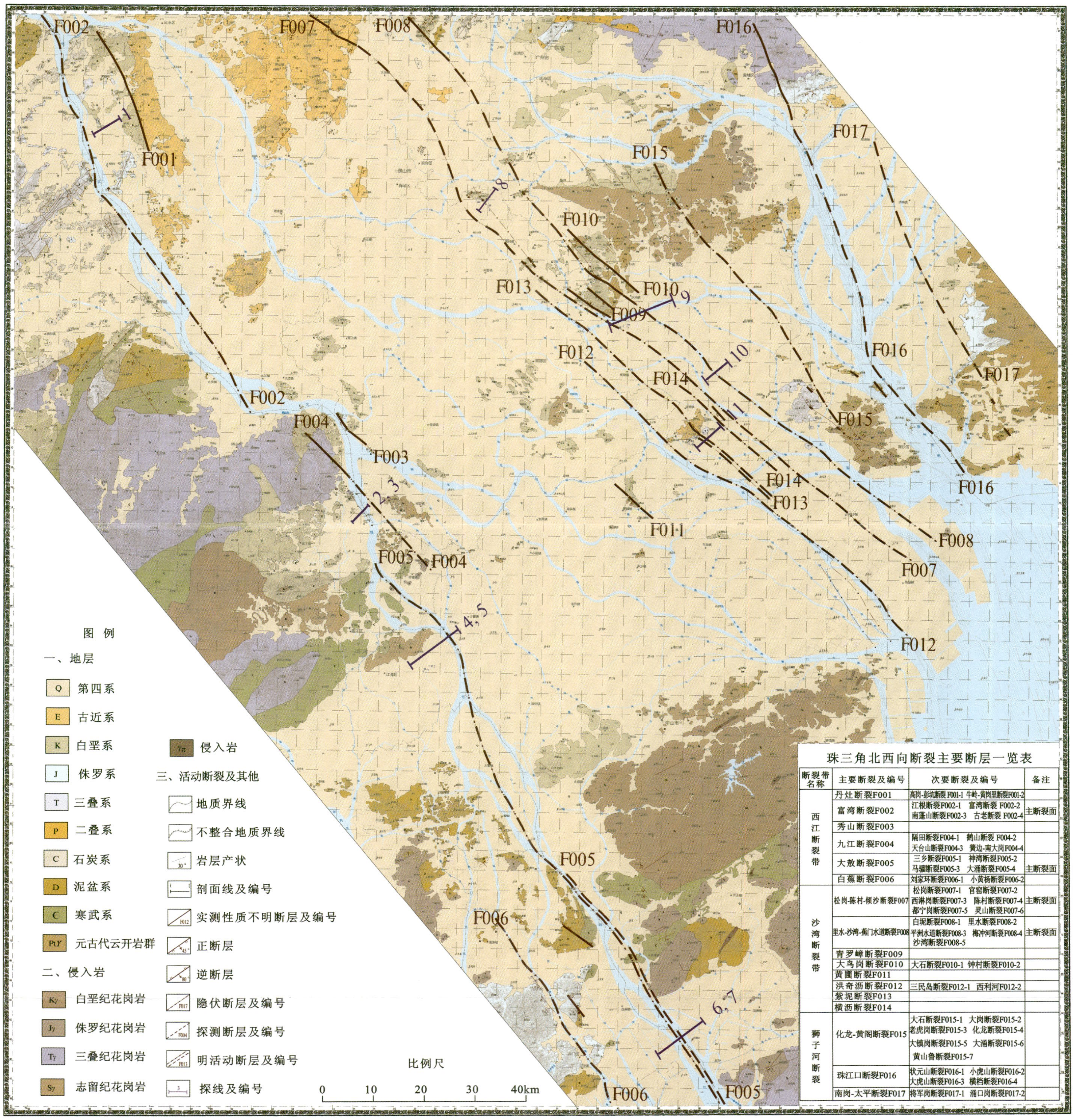

珠三角北西向断裂主要断层一览表

断裂带名称	主要断裂及编号	次要断裂及编号	备注
西江断裂带	丹灶断裂F001	高岗-彭坑断裂F001-1 牛岭-黄岗里断裂F001-2	
	富湾断裂F002	江根断裂F002-1 富湾断裂 F002-2 南蓬山断裂F002-3 古老断裂 F002-4	主断裂面
	秀山断裂F003		
	九江断裂F004	隔田断裂F004-1 鹤山断裂 F004-2 天台山断裂F004-3 黄边-南大岗F004-4	
	大敖断裂F005	三乡断裂F005-1 神湾断裂F005-2 马骝断裂F005-3 大涌断裂F005-4	主断裂面
	白蕉断裂F006	刘家环断裂F006-1 小黄杨断裂F006-2	
沙湾断裂带	松岗-陈村-倾沙断裂F007	松岗断裂F007-1 官窑断裂F007-2 西淋岗断裂F007-3 陈村断裂F007-4 都宁岗断裂F007-5 灵山断裂F007-6	主断裂面
	里水-沙湾-蕉门水道断裂F008	白坭断裂F008-1 里水断裂F008-2 平洲水道断裂F008-3 梅冲河断裂F008-4 沙湾断裂F008-5	主断裂面
	青罗嶂断裂F009		
	大鸟岗断裂F010	大石断裂F010-1 钟村断裂F010-2	
	黄圃断裂F011		
	洪奇沥断裂F012	三民岛断裂F012-1 西利河F012-2	
	紫坭断裂F013		
	横沥断裂F014		
狮子河断裂	化龙-黄阁断裂F015	大石断裂F015-1 大岗断裂F015-2 老虎岗断裂F015-3 化龙断裂F015-4 大镇岗断裂F015-5 大涌断裂F015-6 黄山鲁断裂F015-7	
	珠江口断裂F016	状元山断裂F016-1 小虎山断裂F016-2 大虎山断裂F016-3 横档断裂F016-4	
	南岗-太平断裂F017	将军岗断裂F017-1 涌口岗断裂F017-2	

图3-1 珠三角北西向主要断裂平面分布图

第二节 西江断裂带主要特征

一、地形地貌

西江断裂带总体走向为北西-南东向,地形上呈现北西高、东南低的特点。而在鹤山、江门以西地带,断裂带控制了盆地的西界,西部地貌多以断隆形式展布,而东部为沉降盆地(图3-1)。

在地貌上,西江两侧迥然不同,西侧为基岩山地,北部金利镇北西最高海拔845m,山脊呈北东走向;向南到富湾以西凌云山,海拔降为414m,从凌云山—步洲村显示三级夷平面(图3-2)。

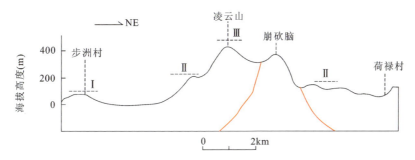

图3-2 西江右岸凌云山一带三级夷平面示意图

古劳镇以西,山脊呈北东走向,海拔在413～610m之间,向盆地中心逐渐降低,形成多个轴向北西的狭长第四系沉积中心,第四系等厚线亦呈北西向长条状分布(图3-1)。

南部斗门一带,山体走向不明显,发育着海拔100～120m、150～180m、200～250m、300～350m四级夷平面,五桂山区则有海拔300～350m、200m的剥蚀面;有40～50m、20～25m、5～10m三级台地;东部大朗、沙井一带发育200～250m、150～180m的剥蚀面及40～50m、20～30m二级台地等。

二、断裂带几何特征

野外调查显示,西江断裂总体走向为320°～350°之间,断裂带产状相对较为复杂(表3-1),反映其可能后期具有多期活动特点。西江断裂及其分支断裂多被第四系掩盖,从地表零星露头判别,其性质多为张裂,而现今西江河道正是断裂演化的地貌表现。

表3-1 西江断裂露头产状统计表

断裂编号	破碎带宽度(m)	走向(°)	倾向(°)	倾角(°)	断层现今性质
F001	1～3	320	南西	/	正断层
F002	/	/	/	/	隐伏
F003	5	330	南西	73～80	正断层
F004	5～10	340～350	北东	73～78	正断层
F005	/	/	/	/	隐伏
F006	0.5～1	330	150	70～75	正断层

从了哥山、南安等地调查显示,从西江河道左岸构造露头判别,其断裂性质多为正断层,倾向南西;而右岸构造露头显示倾向北东的张性断裂特点(图3-3),而内部可能由于断裂效应所致,形成一系列次

级逆冲断层。了哥山位于西江左岸,出露地层为白垩系砂岩,点上露头显示北西向断裂走向为330°,倾向南西,沿江一线可见逆冲断层显示(图3-4),断层面上可见擦痕,显示上盘向上运动。而其河对面南安一带,沿江一线可见规模较大的正断层,断层倾向北东,倾角较陡(70°～75°)(图3-5)。西江断裂南段斗门一带,断裂F005多被第四系掩盖,地表露头极少见。F006总体倾向北东,但其次级断裂性质较为复杂。

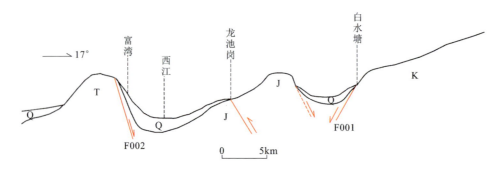

图3-3　富湾-白水塘构造剖面图

图3-4　了哥山逆冲断裂(镜向北西)　　　　图3-5　南安断裂地貌(镜向南)

三、西江断裂及分支主要露头特征

在地质地貌调查及在物探、化探、钻探工作的基础上,从北向南,将西江断裂划分为3段,北西段为三水地区思贤滘至高明富湾段,主要由丹灶断裂(F001)、富湾断裂(F002)组成;中段起于鹤山,止于江门外海附近,主要由了哥山断裂(F003)、九江断裂(F004)组成;南东段起于江门外海,止于斗门区磨刀门,主要由大敖断裂(F005)、白蕉断裂(F006)组成。3段地表出露的主要断裂及特征简述如下。

(一)西江断裂北西段

西江断裂北西段主要由丹灶断裂(F001)、富湾断裂(F002)组成。西江断裂北段的地貌表现,主河右偏,在左岸普遍发育高程约20m的阶地,其下为宽达数百米的河漫滩,右岸河床直逼基岩,形成陡崖,在江根附近,多见崩滑等重力地貌现象,断裂露头及构造形迹明显,主要断裂及特征如下。

1. 丹灶断裂(F001)

该断裂位于西江左岸,主体断层地表多为第四系覆盖,特征不甚显著,而遥感影像具有明显的线状影像特征,长25km左右,倾向南西。在三水区白坭镇长安墓园附近可见基岩露头,在白坭镇高岗—彭坑附近则见其次级断裂。次级断裂倾向变化较大,显示其多级活动特点。

1) 白坭镇长安墓园露头

该断裂露头位于三水区白坭镇长安墓园,该处可见北西向和北东向断层同时出露并相互切割(图 3-6)。

北西向断层岩性为侏罗系金鸡组(J_j)浅灰色砂岩、粉砂岩夹有深灰色碳质泥岩等。由于岩石能干性差异,在其夹层部位多发生滑塌、变形等迹象。破碎带(图 3-7)宽约 3~7m,延伸方向为 330°~350°,破碎带内岩层局部保持原貌,但产状发生了改变,其中的软弱夹层及早期的脉体等多被切割,呈碎裂状。该断层倾向为 230°~240°方向,倾角较陡。该断层切割北东向断裂,但后期活动不明显。点上主要可见 2 组节理:① 20°∠35°,节理延伸长度约为 33~40cm,节理面平直,裂隙宽约 0.3~1cm,其中未见有充填物;② 75°∠75°,节理面较为平直,延伸约 20~30cm,裂隙宽度 0.5cm,未见有充填物。

图 3-6 长安墓园断裂

从断裂破碎带内部物质组成判别,该断裂可能经历了早期的挤压,后期受到区域拉张作用形成倾向南西的张性断裂。

北东向断层(图 3-8)岩性为侏罗系金鸡组(J_j)浅灰色砂岩、粉砂岩夹有深灰色碳质泥岩等。由于岩石能干性差异,在其夹层部位多发生滑塌、变形等迹象。点上岩层总体倾向北—北西西,倾角约 30°~45°,砂岩层厚约为 1.3~2.0m 不等,风化后表面呈灰黄色。岩层产状:245°∠35°。

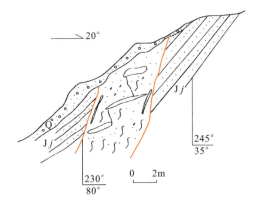

图 3-7 点上北西向断裂形态示意图

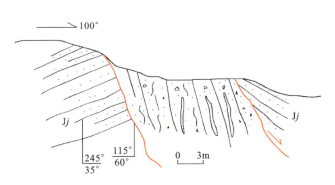

图 3-8 点上北东向断裂形态示意图

点上沿 23°~30°方向有破碎蚀变带数条,其夹层多硅化、褐铁矿化,风化后有的表面呈土黄色。其切割夹层碳质泥页岩时,地表多发生滑塌等迹象。从破碎带透镜体长轴延伸方向判别该北东向断裂属于正断层(图 3-8)。

2) 高岗彭坑次级断裂

该断裂北西起自高岗,南东终于彭坑附近,长度约 1.5km,断裂总体走向北西,在 320°~345°之间,断裂倾向为北东,倾角范围 70°~81°,断层性质总体表现为正断层。

(1) 高岗露头:高岗-彭坑断裂在高岗附近。在 8m 开挖范围内见两期错断,存在两条分支断裂,断层 1(图 3-9)向南东及北西延伸,可见长度大于 10m,断面产状 25°∠81°,构造带宽约 10~20cm,紧贴盘面发育铁质薄膜,构造岩显示原岩改造的痕迹,为碎粉岩、泥岩、砾岩及硅化砂岩,砾岩多被压碎,显示活动的多期性。围岩及带内次级裂隙发育,左侧密集发育劈理走向 345°,与断层斜交,交角约 30°,显示断盘上升;右侧走向 335°,被黄白色粉质黏土充填,长度约 1m,宽约 10cm,呈楔状,与下盘交角显示下盘下降,断层为正断层;断层 2(图 3-9)向南东及北西延伸,可见长度大于 10m,断面产状 65°∠81°,构造带宽约 10~20cm,紧贴盘面发育铁质薄膜,构造岩显示原岩改造的痕迹,为碎粉岩、泥岩、砾岩及硅化砂岩,砾岩多被压碎,显示活动的多期性。围岩及带内次级裂隙发育,左侧密集发育劈理走向 345°,与断层斜交,交角约30°,显示上盘上升;右侧走向335°,被黄白色粉质黏土充填,长度约1m,宽约10cm,呈楔状,与下盘交角显示下盘下降,断层为逆断层。

图 3-9 高岗断裂露头

(2) 彭坑露头:本点位于三水区三水二桥南西,本点岩性白垩系紫红色泥岩(图 3-10)、泥质粉砂岩、紫红色砾岩等。岩层产状 240°∠8°。点南西岩层中,见有后期张性的热液蚀变脉体充填,风化后呈土黄色、青灰色。该套组合属于白垩系百足山组(Kb)。

该张性裂隙走向 130°~310°,倾角较陡,均为 73°~80°不等,在断层面两侧的岩层中多有出露,具有切穿层理的特点。点南西所见张性脉体宽约为 80~100cm,呈锯齿状穿插于岩层之中,但其受后期 305°∠25°面理的切割,沿北东向南西方向剪切应力逐渐减弱,如图 3-10 所示:①的剪切斜距为 21~23cm,而②的错距变小,为 5cm,③为 1cm 左右,沿剪切面呈现右旋剪切特点。

点上所控制的北西向断裂(图 3-11)破碎带宽约为 30m,走向 320°~325°方向,倾向北东,倾角大于 70°,在地表具有明显的负地形,断层南西发育多组张性节理:描述如下:①270°∠60°(有充填,脉宽 1~2cm,切层理);②300°∠80°(有充填,脉宽 1~2cm,切层理);③320°∠83°(切割层理);④90°∠60°(最新,切割③)。

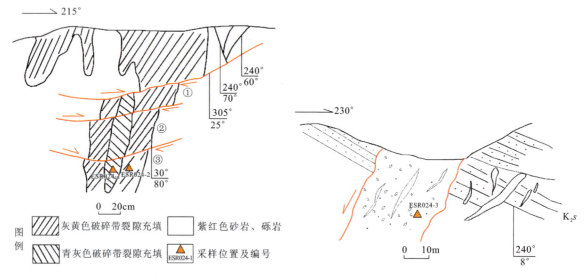

图 3-10 点南西破碎带旁侧节理裂隙示意图　　图 3-11 点上北西向断裂形态示意图

断裂带内可见次级错动,错距 25cm(图 3-12)。综合分析表明,该断层性质为正断层,该断层从北西-南东方向,地貌上呈现明显的负地形。该断层属于 F001 次级断裂,其产状同 F001 倾向相反。从野外构造形迹辨别,该断裂切割白垩纪地层,未见其与第三纪地层呈切割关系。而主体断层 F001 位于该断裂以西,地表多为第四系掩盖,特征不甚显著,而遥感影像具有明显的线状影像特征。此外,点上构造破碎带中岩石极为碎裂,具有构造热液活动的痕迹;节理裂隙极为发育,其切割关系较为清晰,断裂走向为北西-南东向,性质为正断层,反映区域上具有北东-南西方向的持续拉张应力,而图3-10所示的节理恰好位于断裂带下降盘,在局部挤压应力作用下,为岩层发生一系列剪切所致。

2. 富湾断裂（F002）

富湾断裂位于西江右岸,经过金立、富湾等地,根据遥感影像推测长度40km以上。F002断裂总体倾向北东,控制现代西江水道,断裂形迹表明在北东向拉张作用力下,在断隆两侧断裂效应存在差异。

图3-12　彭坑断裂露头标志层错断

断裂在西江右岸山地基岩中出露较多,次级断裂发育。典型露头有富湾镇江根露头及佛山监狱北坡露头,次级断裂有高明附近的南蓬山断裂等。次级断裂倾向变化较大,显示其多级活动特点。

1）江根露头

该断裂发育于西江右岸,距离西江距离较近,断裂走向为北西向,该断裂露头可见长度约100m,断层带宽约40m,断层带内见有断层碎裂岩,并伴随有擦痕及断层角砾、石英岩脉穿插现象,该断层断面产状为45°∠80°,断距不详,断层上盘下降、下盘上升,为一正断层（图3-13）,地表第四系残坡积物未被错断,在该处,断裂附近现代地貌较发育,形成滑坡、崩塌重力地貌（图3-14）,滑床及后缘常沿断裂下盘发育。

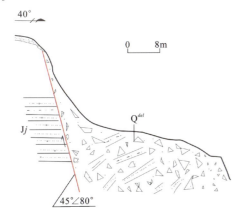

图3-13　江根断裂及其控制的崩滑剖面图

图3-14　江根断裂处沿断面发生重力垮塌

2）佛山监狱北坡露头

本点位于佛山监狱以北山坡,岩性为浅灰黄色泥质粉砂岩,紫红色泥质粉砂岩等,属于侏罗系金鸡组（Jj）,岩层总体产状170°∠20°。

在点西,发现一处北西走向的层间断裂（图3-15）,几何特征如下:其南西盘片理化较为发育,沿岩层层理方向多具有白色条带,为硅质、钙质胶结物。在断层破碎带处,发现有挤压透镜体,且长轴方向为310°～320°。透镜体长约10～20cm,宽约1～7cm,岩性为深灰色、灰色砂岩及灰白色硅质条带。

在向北调查中,发现一处明显的层间逆冲断层,断层产状175°∠65°。该断层呈高角度逆冲,断层面平直。该断面与前面所描述的为同一断层（图3-16）。

为了进一步掌握该点运动学特征,我们对下盘紫红色砂岩进行了节理统计,发育节理主要有3组:①组:50°∠40°,节理面相对平直,延伸约30～40cm;②组:320°∠45°,被①组切割,平面延伸约为23～30cm,节理面较平直;③组:190°∠45°,与上述节理切割关系,节理面有弯曲。

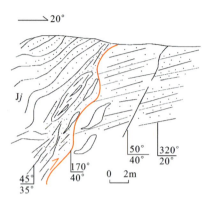
图 3-15 点西断裂示意图

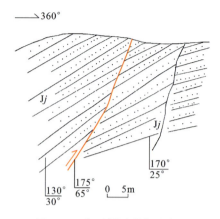
图 3-16 点西断层形态示意图

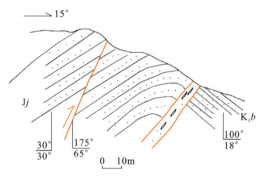
图 3-17 点南北西向断裂形态示意图

分析表明,本点控制的北西向断裂走向均为310°～320°,破碎带宽约为1.5m,其内岩石碎裂,呈浅灰黄色。此外,断层破碎带北西盘靠近破碎带处,明显可见岩层挤压逆冲形成的褶皱,其弯曲方向代表本盘运动方向(图3-17)。破碎带下盘为白垩系白鹤洞组(K_1b)砂岩,岩层走向近南北,倾向偏东,产状为100°∠18°,受断裂构造影响,金鸡组逆冲退覆在白鹤洞组之上。断层总体倾向南东,倾角较缓。

综上所述,本点控制的北西向断裂可能属于早期的断裂,主要证据为断裂破碎带中岩石挤压变形较强,断裂两盘位移较大,其产状与现今西江水道拉张性质有较大差别。

3) 南蓬山次级断裂

本点位于高明区公安消防大队正对面山坡,岩性为浅灰白色—灰紫红色砂岩、粉砂岩等(图3-18、图3-19)。点上断裂破碎带宽约50～70m,带内岩石具有硅化、褐铁矿化等蚀变,风化后表面呈灰黄色。断层破碎带内可见较大块体的断层角砾岩,多具有硅质胶结,其中有局部石英晶簇发育,表面多具有铁染迹象。断层走向335°～340°,倾角约63°～75°,倾向南西,断层性质为正断层(图3-19)。

图 3-18 高明南蓬山断裂剖面照片

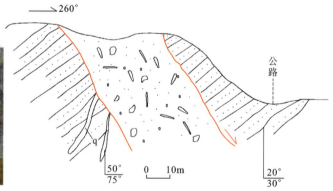
图 3-19 点上北西向断裂形态示意图

岩石中可见发育5组节理,其中主要的节理有4组(图3-20):①组:35°∠70°节理面平直,节理间距10cm,延伸长度约13～25cm,节理裂隙中未见有充填物;②组:210°∠75°节理中有充填物,具有挤压-剪切特点,裂隙中见有泥质充填,被①切割,节理裂隙宽约3～7cm;③组:10°∠25°,被②切割,平面上延伸长度约20cm;④组:310°∠20°,被①、②切割,不甚发育;⑤组:330°∠55°,被②切割。裂隙宽度约为0.3～0.7cm,节理面较平直。

北东方向岩石中的东西向节理与北东向节理切割,节理宽约2~10cm,其切割关系为近东西向相对较老,后被北东向所切割,呈现左旋剪切特点(图3-21)。

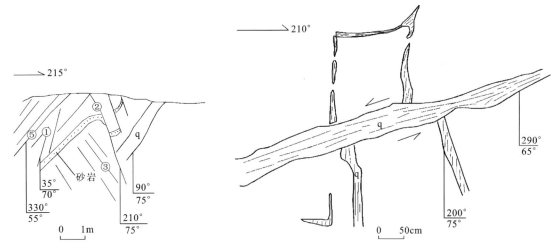

图3-20　点北东节理示意图　　　图3-21　点北东早期石英脉切割示意图

本点控制的断裂属于F002次级断裂,断裂总体倾向南西,倾角较陡。南西方向为盆地地貌,而该北西向断裂可能为该区域断隆的西边界;F002断裂总体倾向北东,控制现代西江水道,断裂形迹表明在北东向拉张作用力下,在断隆两侧断裂效应存在差异。

（二）西江断裂中段

西江断裂中段,起于鹤山,终于江门外海附近,沿西江两岸发育。

在西江右岸,主要断裂为九江断裂,次级断裂为隔田断裂、篁边-南大岗断裂;在西江左岸,主要断裂为了哥山断裂,呈斜列式分布于西江两岸。断裂中段有强烈硅化的构造角砾岩,角砾大小不等,砾径大小0.3~10cm,棱角状。角砾成分随断裂沿线岩性的变化而不同,硅化带宽3~10m,断裂两侧的石炭系和中、上侏罗统构造线不连续,常见次级的北西向断裂错断北东向的构造。断裂倾向北东,倾角较陡,近期活动性以张性为主,沿断裂喷溢新生代火山岩。

在该段九江附近河段,断裂主断面在河段形成明显的断层沟,从九江至了哥山,西江航道偏向北西的了哥山一侧,潭窑山、了哥山、星槎发育典型的断层崖,在了哥山西南侧,西江在此处分流,形成北西向的东海水道,西江的发育在此处明显受到该断裂的影响,在天台山至江门外海一带,西江主航道偏向河床的右岸,西江右岸的地貌以低山丘陵为主,左岸则是三角洲冲积平原,沉积20~40m的第四系冲积层,现将西江断裂在该段地表主要的断裂露头特征表述如下。

1. 了哥山断裂

了哥山露头位于顺德杏坛镇了哥山,断裂走向北西向,走向在320°~330°之间,倾向南西,倾角60°~77°,断层破碎带宽约40m,由碎裂岩至角砾岩组成,其内夹有糜棱岩带,每条糜棱岩带宽30~60cm(图3-22,图3-23),该断裂北起南海九江,经潭窑山、了哥山、星槎,延伸至均安后隐伏在第四系之下。断裂切割中上侏罗统紫红色砂岩,发育强烈的构造角砾岩,紧贴江左岸构成断层崖。

本点岩性为浅灰色砂岩、含砾砂岩等,岩层呈近东西走向,倾向北,受后期构造影响,岩石表现有多组节理裂隙。岩层产状360°∠29°。

点上可见290°~310°方向的石英脉,石英脉宽约为1~3cm,较宽处为10cm不等,延伸不远,后多被145°∠33°的节理切割,呈现左旋剪切特点;节理裂隙中多有褐铁矿化蚀变。在330°∠29°倾向的岩面上,可见节理如下(图3-24):①20°∠80°,节理充填,宽约3~10cm硅化胶结,褐铁矿化蚀变;②70°∠80°,节理平直,未见有充填;③230°∠72°,节理平直,被②组节理切割;④145°∠38°,节理面弯曲,切割②③组节理,被①组节理切割。

图 3-22 了哥山断裂断层崖

图 3-23 断裂面上被压碎的角砾岩

此外,在 330°∠29° 的另一处面理上,见有节理如下(图 3-25)。其中 145°∠38° 一组节理,切割 40°∠83° 的张性脉体,呈现左旋剪切的特点。

从西江断裂总体特征分析,了哥山断裂属于 F003 断裂,其总体倾向南西,倾角较陡,断裂性质为正断层。平面上,该断裂延伸长度较小,从野外露头分析,节理裂隙较为复杂,了哥山断裂带内存在多条高角度构造断面,组成叠瓦状构造。故断裂形成时代相对较老,后期构造活动可能叠加在前期构造的基础上。

了哥山断裂运动学特征表现为:早期可能发生自西南向东北方向的高角度挤压逆冲运动,中至后期则以拉张作用为主。同时,断层阶步表明,断裂早期活动兼有左旋滑动,但滑动量不大。最新活动则以高角度倾滑为主。

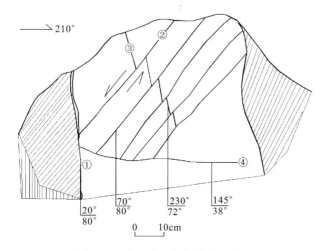

图 3-24 点上节理切割关系示意图

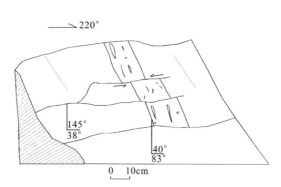

图 3-25 北西倾向的面上节理切割示意图

2. 九江断裂(F004)

九江断裂沿西江右岸分布,出现在古生界和侏罗系中。布格重力异常为沿河流方向,是一个正负异常的转换带。TM 图上呈线状河流,残山与第四系呈直线状边界,绝大多数为隐伏的断裂。在高明棠下镇河堤旁及篁边—南大岗附近可见其露头出现,在九江鹤山附近则可见其次级断裂。

1) 天台山露头

本点位于高明棠下镇河堤旁,岩性为浅灰色砂岩、灰紫色砂岩,岩层呈中厚层状,单层厚 30~50cm,

总体地层产状：30°∠60°，该套组合属于白垩系白鹤洞组（图 3-26）。

本点控制的北西向断裂，断层面表面凹凸不平，其倾角较陡，约为 73°～78°，倾向北—北东。断层破碎带宽约 5～10m，其中可见构造角砾岩，砾石多呈棱角状，风化后表面呈黄褐色。断层带北东侧岩层中节理较为发育（图 3-27），可见节理如下：①60°∠55°，节理面平直，宽约 3～7cm，其中充填泥质；②285°∠30°，节理宽约 10～15cm，带内岩层较为破碎，风化后呈灰黄色，被①切割，错距约为 33～40cm，呈左旋剪切；③220°∠73°节理面平直，被②切割；④350°∠64°，节理面平直，延伸不远，被①切割。

此外，在点东 295°∠65°的面理上，发现节理统计如下（图 3-28）：①80°∠50°，节理面平直，延伸约 30～50cm；②20°∠82°，节理面平直延伸较远，与①可能是共轭 X 节理；③40°∠45°，较发育，与层理面方向近一致，被①②切割，呈右旋剪切；④155°∠70°，平直，较短，被③切割，呈左旋剪切；⑤210°∠62°，平直，较短，被③切割，呈左旋剪切；⑥160°∠35°，平直，被③切割，呈左旋剪切。

图 3-26 天台山断裂

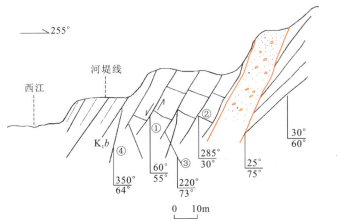

图 3-27 棠下露头点北西向断裂示意图

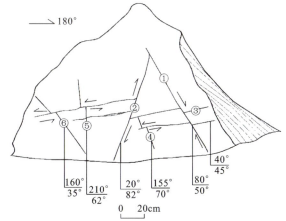

图 3-28 点北东节理切割示意图

通过上述节理切割分析，①、②组形成时代相对较晚；④、⑤、⑥形成时代较早，③居于其中间。

本点控制的断层属于 F004 断裂，断裂构造行迹较为明显，总体倾向北东，倾角较陡。点上露头所控制的北西向断裂可能具有多次活动痕迹，主要表现为构造角砾岩特征、节理分期等。其共同反映了该断裂具有多次活动特点。

2）篁边-南大岗断裂

该断裂位于江门市外海附近的南大岗，从篁边往鹅公山南东方向，断裂主要隐伏在第四系之下，至南大岗见该断裂露头，该断裂长度约 12km。断裂走向 340°，断层面产状 70°∠78°。断裂面呈舒缓波状，倾向北东，倾角较陡，断裂面见有褐铁矿化、硅化、擦痕及阶步，断裂经过挤压，在断面衍生出薄层压性面，构造带内见碎裂岩。该断层为正断层性质，鹅公山断裂规模较大（图 3-29），发育在寒武系八村群里，走向基本和南大岗处一致（图 3-30），为 330°，断裂倾向北东，倾角 60°，破碎带以角砾岩为主，宽达 20m，在篁边加油站处断裂走向 340°，倾向北东，倾角约 70°。

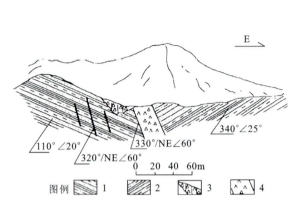

图 3-29 鹅公山断裂剖面
1.灰黑色变质砂页岩互层;2.紫红色变质砂页岩互层;
3.全新世坡积、洪积锥;4.断裂

图 3-30 南大岗断裂

3) 九江鹤山附近次级断裂——隔田断裂

隔田断裂,起于江门鹤山市沙田附近,经大亨村,终于鹤山市隔田村附近,向南东掩没于西江,沿途经过地段多为丘陵,长度约 3.2km,在沙田、大亨、隔田附近,分别见该断裂在地表出露,断裂主要特征表现如下。

在沙田附近(图 3-31),该断裂走向 350°,为北北西向,断面产状 260°∠80°,存在一个小型构造断裂带,破碎带宽约 20cm,构造带内充填碎裂岩和泥岩等,块度大小不等,一般在 2~10cm 之间,从断裂切割并错断的白垩系百足山组紫红色泥岩标志层判断,该断裂断距 2m 左右,断裂上盘上升、下盘下降,为逆断层性质。从断裂规模来看,该断裂属于西江断裂的次一级断裂面,是西江断裂影响带在该段的地表表现,属于西江断裂影响带内的次级断裂。

图 3-31 隔田断裂沙田露头

在大亨附近(图 3-32),可见断裂在地表出露宽度约 20cm 的破碎带,断裂走向 320°,断面产状 230°∠70°,断面平整,从两盘泥岩的错动看,错距在 2m 左右,断层下盘可见宽 3~5cm 的硅化带,硅化带走向 240°,与断裂面斜交,并指示断裂的运动方向,断裂北东侧 4m 处可见同样的错动带,断面产状和错动性质相同。其中上盘下降,错距 1.5m 左右,断裂性质表现为正断层。

在隔田附近,在白垩系百足山组岩层里,发育走向 340°,可见长度约 20m、宽度约 30cm 断裂破碎带(图 3-33)。

在断裂面上见褐铁矿化现象、断层角砾岩、断裂带内多为碎裂岩,断裂切割地层两侧岩性完全不同,岩性存在变化现象,该断裂下盘地层岩性为黄褐色、黄绿色砂岩,偶夹薄层泥质砂岩,上盘地层岩性为紫红色泥岩,该断裂上盘下降、下盘上升,为一正断层性质,地表第四系覆盖物较薄,基岩基本裸露于地表,地貌上不存在明显断坎现象。

图 3-32　隔田断裂大亨露头

图 3-33　隔田断裂隔田露头

(三) 西江断裂南东段

西江断裂南东段,起于江门外海附近,在西江右岸该段断裂次级断裂露头较多,白蕉断裂(F006)为其次级断裂;在西江左岸露头不明显,主要断裂为大敖断裂(F005),出没于江中。

该段断裂主要出现在燕山期花岗岩中,控制磨刀门第四纪断陷的发育。西江断裂南段更向东偏,西江两岸特别是西江右岸的基岩露头中,见多处断裂,比较典型的断裂露头为刘家环断裂、黄杨山断裂,它们距离西江的距离较远,在基岩围岩内见有密集的北西—北北西向节理,可能是西江断裂的次级断裂,主要断裂分布特征表现如下。

1. 大敖断裂(F005)

已有研究认为,大敖断裂隐没在江中。据《磨刀门大桥工程勘测报告》,在磨刀门水道,通过瞬变电磁法发现 3 条分别宽约 40m、100m、200m 的北西向异常带,间距分别为 500m、550m,推测断裂倾向南西,倾角 70°～89°。经钻孔验证,在中间异常带的钻孔(ZK8)39～57.2m 处见到断裂破碎带。其上部为石英、黏土质构造岩,下部为构造角砾岩。角砾成分以石英为主,次为长石,大小不一,一般 2～3mm 居多,最大为 1cm 左右,泥质胶结,固结程度较差,绿泥石化和绿帘石化强烈。另在东岸的广昌哨所东南的采石场,见一组北西向破碎带,可能为西江断裂的影响带(张虎南,1997)。

2. 白蕉断裂(F006)

西江右岸的基岩露头中,见多处断裂,比较典型的断裂露头为刘家环断裂、黄杨山断裂,它们距离西江的距离较远,在基岩围岩内见有密集的北西—北北西向节理,可能是西江断裂的次级断裂,主要断裂分布特征表现如下。

1) 小黄杨断裂

本点位于斗门县白蕉镇大王角厂房西侧废弃采石场人工边坡处,点上岩性为浅灰紫色中粗粒似斑状二长花岗岩,时代为侏罗纪,发育两条北西向小断层,产状分别是 f1:SW330°∠55°,f2:SW320°∠85°。

f1:断层发育于细粒花岗岩中,将其中的伟晶岩脉(宽约 10cm)和细晶岩脉(宽约 50cm)错断,错距约 50cm,为正断层(图 3-34)。岩脉产状 120°∠20°。

f2:位于 f1 北约 10m,宽约 1m,产状 230°∠85°。带内见构造透镜体,长约 2m,宽 40cm,带内可见石英脉、铁锰矿化。断层带南西侧断面呈小起伏,将细晶岩脉错断,错距约 70cm,显示正断层性质。带内花岗岩破碎强烈(图 3-35),细晶岩脉相对完整,其上部堆积较厚的残坡积土。

图 3-34　被错断的两条岩脉(镜向 180°)　　　　图 3-35　构造带概貌(镜向 125°)

在南东向的露头面上,观察到北西向断裂,断裂破碎带宽约为 1m,断层面上盘裂隙中发育有碎裂岩化,断层面上的擦痕近水平,与水平线(面)夹角约为 10°,倾向南西。断层产状:212°∠78°,断层南西方向的岩层中主要可见节理 3 组(图 3-36):①103°∠67°,节理面平直;②300°∠4°,节理面较平缓,被①切割;③213°∠75°,节理较密集,被①切割。

此外,在 103°∠67°的面理上,见节理切割(图 3-37),此外还可见石英脉被切割(图 3-37),石英脉宽约 0.5~1cm,延伸较小,呈现右旋剪切的特点。而 103°∠67°的节理面切割③,呈现左旋剪切的特点,后期①节理细小,相对密集,②③④都未被切割,相对较新。在点北,断层面向北东偏转,随后又转向倾向南西,产状:76°∠53°。断层性质,右行正滑。

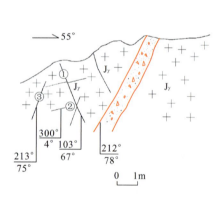 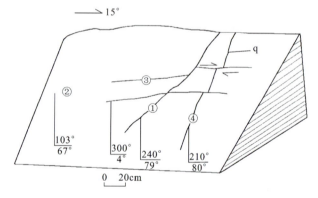

图 3-36　点南东节理切割关系　　　　　　　图 3-37　点南东节理切割关系

在点南东的露头上,观察到北西向断裂较为明显,断裂在露头上呈现宽约 60~70cm 的裂隙,总体倾向为南西,倾角在 70°~80°之间,在向北倾向的面理上,见有露头上节理切割(图 3-38)。

其中,最新一组为①50°∠45°,其切割 240°∠71°节理②。60°∠32°节理被②切割。该节理被切割后,呈现左旋剪切特点。节理面上多有铁染。在 342°∠70°的节理面上(图 3-39),近东或北东东倾向的挤压破碎带呈透镜体,其切割 283°∠70°的节理,呈左旋剪切的特点,该左旋剪切与图 3-37、图 3-38 所揭示的左旋剪切实为同一应力下的不同面理上的反映。

本点控制的断裂可能属于 F006 断裂的次级断裂,断裂总体倾向南西,倾角较陡。而 F006 活动断裂总体倾向北东,其大部分行迹应该位于西江河道中。野外所调查的露头,可能为早期北西向构造活动的证据,该点断层泥 ESR 测年为 360ka,但不能排除后期构造运动的叠加作用。

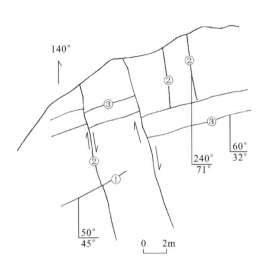

图 3-38 点南东露头节理切割示意图

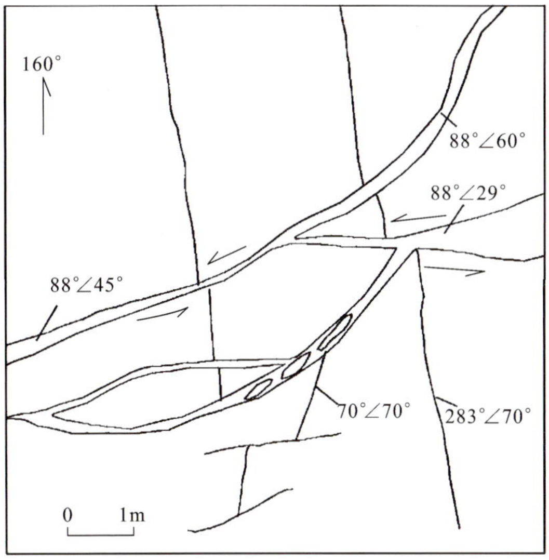

图 3-39 挤压透镜体平面示意图

2）刘家环断裂

刘家环断裂（图 3-40）位于斗门区白蕉镇大托村，该断裂走向约 340°，为北西向，其断层面产状 80°∠78°，断层下盘面上见褐铁矿化现象，该断层西盘盘面上见擦痕及硅化现象，擦痕侧伏向约 340°，侧伏角约 30°，盘面上见碎裂岩，部分呈蚀变状，在该断层的走向上可见该断层长约 100m，宽 5~10m，由于人工采石，未发现该断裂上盘，根据断裂延伸方向上的地貌山嘴处判断，该断裂带总体宽约 50m，断裂带内岩石破碎，断裂切割地层为上侏罗统，围岩为中粒斑状黑云母二长花岗岩，该断裂未切穿地表第四系残积物，根据断层下盘面上的擦痕判断，该断裂上盘下降、下盘上升，为一正断层性质，在该断裂南东约 100m 处

图 3-40 刘家环断裂

发育有北东向小断层，该北东向断裂规模较小，被刘家环断裂所截断，以此表明，北西向断裂活动较北东向断裂活动新。

西江断裂江门外海至斗门磨刀门段，从地貌上来看，在磨刀门附近，西江断裂更向东偏，较明显的构造迹象见于黄杨山、小霖山山麓、刘家环等处，在磨刀门水道右岸竹洲附近，于中侏罗统碎屑岩中发育一组密集的构造节理，在黄杨山断裂处，围岩花岗岩内同样发育密集的北西向节理，大面积的节理面基本平行于西江的陡崖，节理产状一般北西 30°~40°，倾向多为北东，可能属于西江断裂的影响带，在西江断裂的右岸，多处也见北北西向的断裂构造迹象，如挂锭角见一北东向断裂，该处花岗岩细晶岩脉沿北西向节理侵入，石英闪长岩发生硅化。另外，在竹洲附近见多处小型重力地貌，为滑坡、崩塌地貌，它们的存在是否与断裂有关的新构造运动导致的动力地质现象，有待进一步查证。

综上所述，西江断裂在地表上主要出露于西江两岸的高明南蓬山、南海九江、鹤山大雁山、新会棠下、斗门莲溪、井岸等地。南海九江、鹤山大雁山、新会棠下、斗门莲溪一带主要发育于早白垩世红层中，在高明南蓬山及斗门莲溪一带见于古生代地层中。断层具有多期活动，第一期活动为张性或张扭性，大约发生于 K_1 晚期—K_2 早期，在高明南蓬山的石炭系及南海九江、鹤山大雁山一带的早白垩世百足山组（K_1b）红层中形成断层角砾岩，其后遭受强烈硅化及铁锰质矿化；断裂的第二期活动为压扭性质，发生于 K_2 以后，形成碎裂岩及挤压性质的断层角砾岩，断面较光滑，见斜落擦痕、碎粉岩薄膜等，为正断层性质。

第三节　西江断裂第四纪活动性分析

西江断裂是控制珠江三角洲断陷盆地西缘的区域性断裂。断裂北自四会往南东经鹤山、江门至珠海磨刀门延伸入南海,长约 200 km。断裂基本是沿西江下游的北西向河谷地区发育,总体走向北西 310°～330°,倾角大于 50°(图 3-1)。北西段地理单元位于高明以北,主要由丹灶断裂(F001)、富湾断裂(F002)组成,主干断裂偏西,并出现在泥盆系至石炭系中,控制河谷和冲沟的发育。中段起于鹤山,终止于江门外海附近,主要由了哥山断裂(F003)、九江断裂(F004)组成,沿西江两岸分布,出现在古生界和侏罗系中。南东段起于江门外海,止于斗门区南段,主要由大敖断裂(F005)、白蕉断裂(F006)组成,主要出现在燕山期花岗岩中,控制磨刀门第四纪断陷的发育。

关于西江断裂带活动性,前人主要意见有两种:一是黄玉坤、陈国能等(1995)从断裂活化、断块差异升降的角度研究西江断裂对珠江三角洲形成发展的控制作用,并认为三角组地层($Qp_3^2-Qh^1$)被属于西江断裂的多条北西向断裂错断;二是刘尚仁等(1994,2003)从河流阶地的研究入手认为珠江三角洲非断块型三角洲,今后相当长时间本区新构造运动以间歇性差异下沉或稳定为主的趋势将继续下去,西江断裂活动性不强。其他宋方敏、吴叶彪、张虎南等(2003)也从不同角度对西江断裂的活动性做过研究。

西江断裂是珠江三角洲地区的区域性断裂,查清其第四纪活动性事关重大。在前人工作的基础上,我们进行 1∶5 万的地质调查、浅层地震探测、年代测定、钻孔联合验证等工作,从第四纪地貌特征、浅层地震揭露的第四系错动情况、断裂年代学、历史地震、钻孔构造解析等角度讨论了西江断裂三水至磨刀门段的第四纪活动性。

一、西江断裂周边第四纪地貌特征

西江断裂带总体走向为北西-南东向,断裂带控制了珠江三角洲的西界(陈国能等,1995)。西江断裂形成于中生代中期,控制早白垩世红色碎屑岩盆地的形成,构成珠江三角洲断陷盆地的西界。从晚白垩世至古近纪,三水盆地内沉积厚约 3000m 的红色碎屑岩系,在古近纪末,断裂再次活动,控制西江右岸高明等地第三纪砾石层的发育。第四纪以来,沿西江水道出现数个北西向的第四系沉积凹陷。在三水至高明地区,西江河床的右岸往往直逼基岩,形成陡崖,左岸则常见数百米宽的河漫滩以及二级至三级阶地。西江断裂的鹤山-江门段,断裂基本沿西江左右两岸发育,在九江河段,断裂主断面在河段形成明显的断层崖。在了哥山西南侧,西江在此处分流,形成北西向的东海水道,西江的发育在此处明显受到该断裂影响。由上所述,西江断裂与第四纪地貌的关系可以概括为二:一是与第四纪地貌的耦合性;二是阶地抬升等现象。

（一）断裂与第四纪地貌之间的耦合性

在宏观上,西江断裂控制了珠江三角洲西、北江部分的第四纪沉积。从第四系沉积物厚度看,沿断裂出现了若干轴向为北西的凹槽,古劳镇以西,山脊呈北东走向,海拔在 413～610m 之间,向盆地中心逐渐降低,形成多个轴向北西的狭长第四系沉积中心,第四系等厚线亦呈北西向长条状分布。西江断裂第四系最大厚度在九江一带达 80m,南段以斗门凹陷为中心灯笼沙断陷,从晚更新世至现在,该断陷的沉降幅度已经超过 60m(平均 30～40m)(张虎南等,1994;陈伟光等,2002)。

从沉积物沉降速率看,沿西江断裂带在青岐、白坭、太平、九江、大鳌、灯笼沙等地,根据样品层位高程及^{14}C年代测定,自晚更新世中期(Qp_2^2)以来,沿断裂带断块的沉降速率平均为1.84mm/a,而且由北往南沉降速率逐渐增大。北段(高要金利)沉降速率为0.51mm/a;中段(南海九江—新会睦洲一带)沉降速率平均为0.86mm/a;南段(斗门大赤坎—灯笼沙一带)沉降速率平均为4.85mm/a(庄文明等,2000)。

重复大地水准测量结果显示,西江东岸的九江,1966—1973年下降了28mm,平均速率达4mm/a(庄文明等,2000)。形变测量资料表明,1953—1985年,在磨刀门附近存在形变速率达7mm/a的沉降中心,其外围等值线长轴方向同西江断裂平行。形变沉降中心与第四系沉积中心不完全相符,前者偏右。

第四纪等厚线与形变速率北西向展布的耦合性特征表明,西江断裂对第四纪地层和形变特征具有一定的控制作用。

(二)阶地抬升等新构造运动特征

1. 夷平面

西江西侧为基岩山地,北部金利镇北西最高海拔845m,向南到富湾以西凌云山,海拔降为414m,从凌云山—步洲村显示三级夷平(图3-41)。

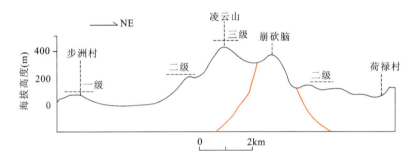

图3-41 西江右岸凌云山一带三级夷平面示意图

南部斗门一带,山体走向不明显,发育着海拔100～120m、150～180m、200～250m、300～350m四级夷平面,五桂山区则有海拔300～350m、200m的剥蚀面;有40～50m、20～25m、5～10m三级台地;东部大朗、沙井一带发育200～250m、150～180m的剥蚀面及40～50m、20～30m二级台地等。

多级夷平面的存在,说明中更新世以来,以西江断裂为西缘的珠江三角洲西缘有过多次间歇性抬升。

2. 阶地

阶地是河流在空间时序变化发展过程中由地貌的塑造而形成的,对构造运动极其敏感。它储存着许多地球变化的信息,研究河流阶地能进一步了解地球演化的规律。西江北段在三水以下左岸普遍发育比高20m左右的阶地河流阶地(图3-42),其下为宽达数百米的河漫滩,而右岸河床直逼基岩,形成陡崖。

为了进一步揭示阶地所包含的新构造运动信息,我们对三水白坭镇2个二级阶地进行了解剖。白坭阶地位于丹灶断裂F001附近,距西江左岸100m左右(图3-43),为中更新世形成,具有典型的砂砾二元结构,发育3个旋回。砾石的排列具有定向性,一般230°左右,斜层理发育,与地貌面具有较好的协调性。砾石磨圆度较好,无后期切断扰动迹象。现场调查发现,阶地下层砾石层呈30°弯曲,与斜层理呈大角度相交,从阶地的组成物质看,应是原始侵蚀地貌的结果。剖面上也发现了淋滤层微小错动迹象,是否为构造运动引起或重力作用的结果需要进一步研究,为此,我们专门跨阶地剖面安排了浅层地震探测,探测结果及分析见后。

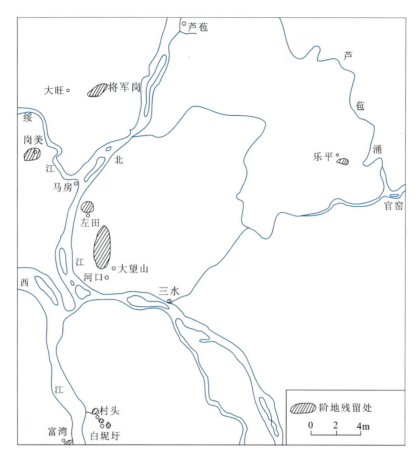

图 3-42　三水白坭二级阶地分布图

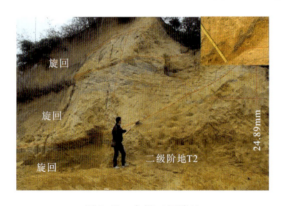

图 3-43　白坭二级阶地

乐平蚌蛇村剖面位于芦苞涌以西约 2.7km 处（图 3-44），为一高程约 20～30m 的丘状阶地。阶地基座岩石为第三系的紫色含砾砂岩及粉砂质泥岩，上覆基本未胶结的灰黄色、棕黄色、局部呈灰白色的粗砂层、含砾砂层、砂砾层及砾石层，靠近基底岩石面上的砾石层为 Fe 质所胶结残留厚度约 5m，总体看来，堆积层的中心部位色浅，边缘及底部呈红色（后期氧化造成），砾石平均粒径 6cm×5cm，含砾砂层中的砾石多为小砾，粒径一般为 1～1.5cm。最大砾石粒径达 13cm×10cm。砾石磨圆度极好，球度良好，分选中等。砾石层有定向性，倾向约 130°。在马房渡口西南方左田村公路路堑剖面具有同样的结构。与白坭阶地类似，剖面原始结构完整，阶地抬升后无后期切断扰动迹象。

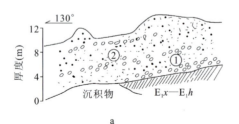
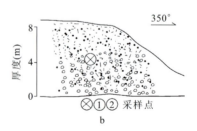

图 3-44　乐平蟒蛇村剖面（a）和马房左田村路堑剖面（b）

阶地内部结构分析表明,阶地形成后原始结构保持完整,无后期切断扰动迹象。由此可以判断阶地的形成是间歇式抬升的结果,这种间歇性是多次微小错动多次积累的结果,而不是突变性大规模错动引起。

3. 阶地反映新构造运动的基本特征

陈伟光、张虎男、陈国能等近年发表了珠江三角洲地区14个不同时代的地貌体的年代数据,据此初步探讨三角洲地区晚第四纪以来新构造运动的时间、空间序列及运动的幅度和速率(表2-6)。

根据邻近北江同级阶地砂样的热释光测年结果,自下而上分别为距今$(19.93\pm1.33)\times10^4$年、$(16.28\pm1.10)\times10^4$年、$(9.54\pm0.61)\times10^4$年和$(3.46\pm0.25)\times10^4$年,为中更新世晚期至晚更新世晚期沉积。据此初步探讨晚第四纪以来新构造运动的时、空展布特征和运动的强度(图3-45)。

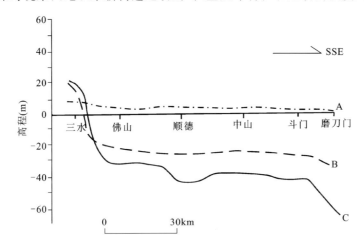

图 3-45　珠江三角洲中更新世晚期至晚更新世早期地貌面的垂直形变(三水-磨刀门剖面)
A. 晚更新世晚期以前;B. 晚更新世;C. 全新世

一是中更新世晚期—晚更新世早期的相对稳定环境。地质环境相对稳定的标志:①北江下游三水一带形成两期(Qp_2、Qp_3)叠置的河流冲积层,从而构成现今北江下游二级上叠阶地;②三角洲内时代属于中更新世晚期至晚更新世早期的地貌面在抬升区受风化剥蚀,发育了较典型的红壤风化壳。

二是晚更新世晚期的垂直差异运动建造了现今珠江三角洲的沉积基底。在距今2~4万年,即晚更新世晚期,上述的中更新世晚期至晚更新世早期所形成的地貌面发生构造形变。北部的三水、博罗等古北江、古东江冲积层被抬升,形成二级河流阶地,其他外围地区,如东莞虎门、中山三乡、珠海和江门一带等地,同时代的地貌面也有抬升。按三水木棉围一带阶地高程估算,累计的平均幅度为13~15m,速率为0.3~0.7mm/a。三角洲平原区则以负向运动为主,同时代的喀斯特溶洞和河流冲积层已低于现今海平面数米至数十米,下伏于此冲积层的风化壳埋藏更深。根据钻孔揭示的有放射性同位素测年的冲积层层位估算,平均沉降幅度和速率,中山、珠海一带分别为21~50m,0.5~1.8mm/a,三水、东莞一带分别为16~20m,0.3~0.7mm/a。这个估算表明,三角洲内晚更新世晚期以来的沉降量南部大于北部,可能反映了三角洲所在的地块存在自北向南掀斜的趋势。现代地壳垂直形变观测资料显示的珠海斗门一带存在一个北北西-南南东走向的年变速为-7mm/a的沉降中心,这个现象可能就是它的一种反映。上述构造变动导致中更新世晚期至晚更新世早期形成的地貌面在平原区与外围区之间发生垂直错位,地貌上形成垂直反差,而珠江三角洲第四系的沉积基底开始发育。

三是全新世以来三角洲外围趋于稳定,或略有沉降,平原地区继承性沉降。在三角洲平原区,形成于高海面时期(距今0.6~0.5万年)的古三角洲已被埋藏在现代三角洲之下,显然是地块继承性沉降的标志。其沉降速率,在中山、顺德等三角洲腹心地带为0.9~1.5mm/a,在番禺、珠海等三角洲前缘地带为4mm/a。

通过分析珠江三角洲及其附近地区河流阶地的分布与特征,可以得到珠江三角洲新构造运动趋势。本区各河流的第二级和更高级阶地以及山前洪冲积阶地一般为常态阶地,没有明显的阶地变形,显示本区中更新世的地壳构造运动以间歇性差异抬升为主。然而第一级河流阶地和山前洪冲积阶地却明显变形,成为半埋藏阶地,显示自晚更新世该阶地形成以来,构造运动以间歇性差异下沉或稳定为主。与此同时,珠江三角洲在构造下沉和海平面上升双重作用下,河流第一级半埋藏阶地进一步变形,被泥沙完全覆盖,成为埋藏阶地。今后相当长时间本区新构造运动以间歇性差异下沉或以稳定为主的趋势将继续下去。

4. 重力滑动现象分析

调查发现,西江右岸马口岗一带江岸斜坡受重力作用影响,历史和现代滑坡严重(图3-46),发育断层崖,这些现象是否与西江断裂活动有关,值得进一步研究。

图3-46 马口岗一带江岸斜坡重力作用历史和现代滑坡严重,发育陡崖

现场调查和分析结果说明,历史上多次崩塌滑坡确实沿已有构造面进行,但周围构造测龄结果不支持断裂晚更新世以后的活动,现场调查表明,崩塌面或滑移面并不是非常发育,而是断断续续,符合重力局部垮塌特征,结合前缘临空、坡面高陡、降雨丰富等特征,我们认为此处崩塌滑坡与新构造活动无关,而是重力作用的结果。

总之,西江断裂带第四纪地貌特征一方面表现在与第四纪地貌之间的耦合性,主要表现为控制河流方向展布、第四纪等厚线同向性等;另一方面表现在控制河流阶地或夷平面升降以及断层三角面等新构造运动特征。西江断裂多项地貌特征均显示了新构造运动趋势,在中更新世以间歇性构造抬升为主,自晚更新世以来却变成间歇性下沉或稳定;自晚更新世以来未显示明显断裂造貌运动。

二、断裂与第四纪地层的切割关系

地震勘探方法是探测地下地质构造的有效手段,而对隐伏断裂的定位目前主要采用的是反射波地震勘探方法。在本次浅层地震勘探工作中,我们采用了多次覆盖反射波勘探方法。该方法不但有利于压制干扰、提高地震资料的信噪比,而且反射剖面图像对地下构造特征的直观反映也有助于判定断层的存在与形态。

西江断裂大多为隐伏断裂,为了揭示西江断裂与第四纪地层的切割关系,我们在发现基岩断裂露头的山前部位,从南至北布置了7条跨断层的浅层地震测线,具体布设位置及坐标见图3-1、表3-2。

表 3-2 各测线起、终点 GPS 结果一览表

测线名称	起/终点	经纬度坐标	
		北纬	东经
测线 1(F001)	起点	23°04.274′	112°49.808′
	终点	23°04.170′	112°49.728′
测线 2(F004)	起点	22°43.729′	113°04.191′
	终点	22°43.815′	113°04.293′
测线 3(F004)	起点	22°43.734′	113°04.250′
	终点	22°43.803′	113°04.334′
测线 4(F005)	起点	22°34.167′	113°09.018′
	终点	22°34.017′	113°08.854′
测线 5(F005)	起点	22°33.980′	113°08.507′
	终点	22°34.079′	113°08.787′
测线 6(F006)	起点	22°16.888′	113°15.141′
	终点	22°16.794′	113°15.048′
测线 7(F006)	起点	22°17.147′	113°14.940′
	终点	22°16.892′	113°14.788′

其中测线 1 位于佛山市三水区白坭镇西北的村头,总体走向北东-南西,测线长 270m。测线 2、测线 3 位于江门市蓬江区滨江大道莲台山附近,测线 2、3 的走向均为南西-北东,测线 2 长 234m,测线 3 长 194m;测线 4、测线 5 位于江门市江海区环珠三角高速公路西江桥的西侧艺华学校附近,测线 4 走向北东-南西,长 310m;测线 5 走向南西-北东,长 510m。测线 6、测线 7 位于珠海市斗门区黄杨农场,测线走向均为北东-南西,测线 6 长 230m,测线 7 长 554m。其中艺华学校和小黄杨均探测到了基底断裂。测线 2、3 未探测到断层存在,其他测线基本情况分析如下。

1. 白坭阶地浅震验证

白坭二级阶地位于西江断裂北段 F001 附近,研究该阶地形态特征有助于对该段断裂活动性的理解。为了探究前述白坭二级阶地出现的淋滤层微小错动现象形成的原因,我们在阶地前进行了物探验证,物探线垂直西江走向长度 300m 左右(图 3-47)。从整条剖面反射同相轴的形态来看(图 3-48),反射波同相轴有一定起伏,但基本呈水平展布,没有明显的错断现象,整条剖面的波组特征也没有明显的突变现象。由此可以判断,沿测线未发现断层构造迹象。物探结果说明,白坭阶地下面基岩中不存在断裂,阶地剖面出现的淋滤层微小错动现象形成的原因是重力等外力作用的结果。同时说明,阶地的形成是间歇式抬升的结果,而不是脆性错动,也说明断裂 F001 晚更新世以来活动性很弱。

2. 艺华学校剖面

测线 4 位于西江断裂中段大敖断裂 F005 北端,在江门市江海区环珠三角高速公路西江桥的西侧附近(图 3-49),走向北东-南西,长 318m,线路地面大体平整。根据剖面上的地震波组特征(图 3-50),可以识别出 2 组在整条测段基本可以连续追踪的反射震相(T1 和 T2)。从整条剖面反射同相轴的形态来看,反射波同相轴较为平缓,基本呈水平展布,在测线 201m 附近,T2 反射波同相轴有错断现象,因此认为在该测段存在断点(F2)。断裂为逆冲断层,倾向北东东,视倾角约为 65°。浅层地震解释结果与附近基岩断裂露头特征基本一致,证明附近基岩断裂延伸经过此处,说明解释结果真实可信。但基岩断裂并

图 3-47　白坭阶地物探线布置图

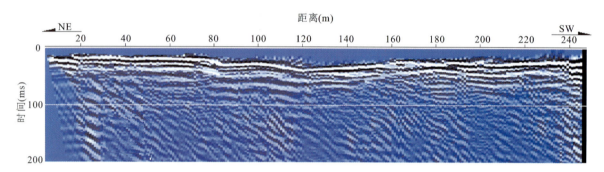

图 3-48　白坭测线浅层人工地震反射时间剖面图

图 3-49　艺华学校测线 4、测线 5 位置图

未上延至残积层顶部,更未延伸至第四系沉积物内,说明晚更新世中后期(^{14}C 测年 40 000 年)以来西江断裂中段大敖断裂 F005 北端并未发生过突变型断裂活动。

测线 5 位于江门市江海区环珠三角高速公路西江桥的西侧附近(图 3-50),走向南西-北东,长 510m,线路地面大体平整。从整条剖面反射同相轴的形态来看,反射波同相轴有一定起伏,但基本呈水平展布,没有明显的错断现象,整条剖面的波组特征也没有明显的突变现象。由此可以判断,沿测线未发现断层构造迹象,但第四系内部也未见错动迹象(图 3-51)。

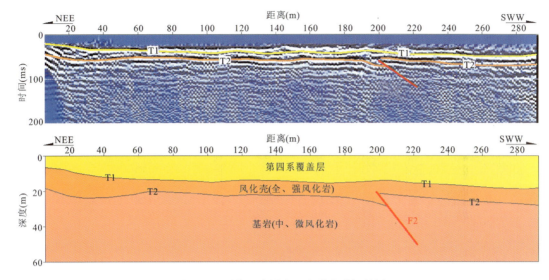

图 3-50 测线 4 浅层人工地震地质解释图

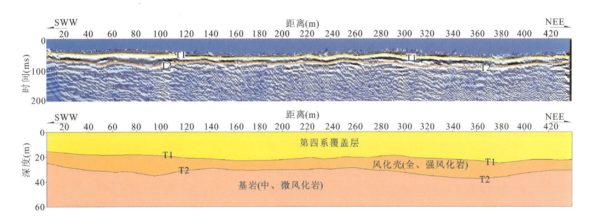

图 3-51 测线 5 浅层人工地震地质解释图

3. 小黄杨剖面

测线 6 位于西江断裂南段白蕉断裂 F006，在珠海市斗门区黄杨农场，测线走向为北东-南西，长 230m，线路地面大体平整（图 3-52）。从整条剖面反射同相轴的形态来看（图 3-53），反射波同相轴起伏较大，但基本呈水平展布，在测线 148m 附近，T2 反射波同相轴有错断现象，因此认为在该测段存在断点（F3）。断裂为逆冲断层，倾向北东，视倾角约为 70°。

图 3-52 小黄杨测线 6、测线 7 位置图

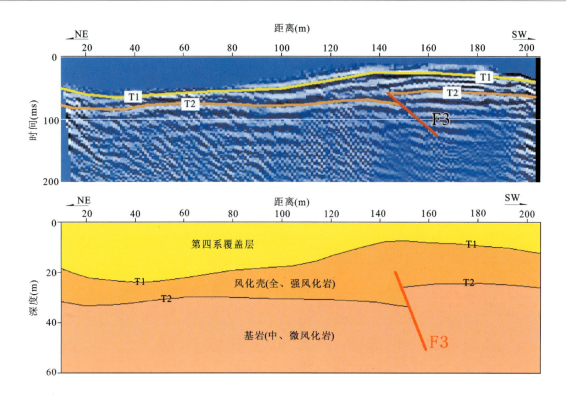

图 3-53 测线 7 浅层人工地震地质解释图

测线 7 位于珠海市斗门区黄杨农场,测线走向为北东-南西,长 554m,线路地面大体平整。图 3-54 为其时间和深度剖面图。从整条剖面反射同相轴的形态来看,反射波同相轴有一定起伏,但基本呈水平展布,在测线 216m 附近,T2 反射波同相轴有错断现象,因此认为在该测段存在断点(F006)。断裂为逆冲断层,倾向北东,视倾角约为 65°。

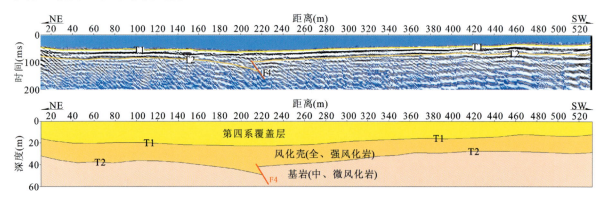

图 3-54 测线 8 浅层人工地震地质解释图

测线 6、测线 7 解译的断裂与基岩断裂的露头特征基本一致,基本位于基岩断裂推测的延伸线上,说明浅层地震解译的结果是可信的。下一节联合钻孔进一步验证了断裂确实经过此处。但基岩断裂并未上延至残积层顶部,更未延伸至第四系沉积物内,说明晚更新世中后期(^{14}C 测年 30 000 年)以来白蕉断裂并未发生过切割第四系的突变型断裂活动。

三、断裂近期活动性的跨断层联合钻孔剖面解析

西江断裂主断面大部分在隐伏区存在,难以直观地确定断裂的近期活动性。单纯的钻探资料对比,只有在钻孔极密时,才有可能用传统的地层法,定性地了解断裂的近期活动。由于河口地区的沉积环

和水动力条件非常复杂,沉积物在纵横方向的变化都很大,往往由于岩性较短距离内突变而导致判断的误差。以新地质年代学方法为主,辅以地层对比法,可以较为理想地判断覆盖区隐伏断裂的近期活动,并可据此估算出断裂活动的幅度和速率。据此,我们一方面收集了磨刀门大桥断裂联合钻孔剖面资料,并对资料进行了解析;另一方面对小黄杨断裂进行了联合钻孔验证。

1. 磨刀门联合钻孔剖面

磨刀门联合钻孔剖面是西江断裂地表磨刀门附近主要分支断裂 F005 大敖断裂的南段。磨刀门钻孔资料为大桥施工所得,钻孔跨江布置,西部在白藤附近,东部至挂锭角,总长 10km 左右,施工钻孔 14 个,钻孔布置见图 3-55(张虎南等,1998)。本书利用该资料分析西江断裂南段分支大敖断裂的第四纪活动性。

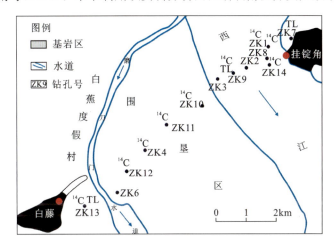

图 3-55 磨刀门钻孔位置(^{14}C 和 TL 分别表示 ^{14}C 测年和热释光测年)

联合钻孔资料表明(图 3-56),西江磨刀门段的第四系最厚达 60m,以河口三角洲相为主,由细粒碎屑物-淤泥、粉砂、细砂组成。其间夹有贝壳碎片(以牡蛎壳为主)和炭化植物残体。河床相的粗砂及砂砾,仅见于主航道的底部。下伏花岗岩风化壳,厚度变化较大,数米至数十米不等。第四系岩性变化的总趋势是由上向下变粗。位于主航道的沉积物的纵向变化比较复杂,部分钻孔在上细下粗的总趋势中,还可细分为 1~2 个沉积旋回。

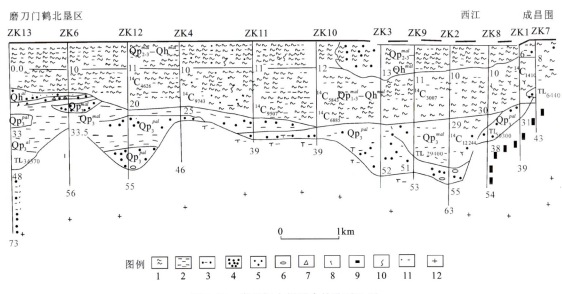

图 3-56 磨刀门大桥联合钻孔对比图

1.淤泥;2.黏土;3.粉砂;4.中细砂;5.细砾;6.卵石;7.贝壳;8.半咸水—咸水硅藻;
9.腐殖质;10.植物根;11.风化土或风化砂砾;12.基岩

第四系横向变化也很复杂。东西两侧的两个沉积中心分别代表主河道和主河叉,粗粒碎屑见于沉积中心的底部。已有物探和钻探资料均已证实,磨刀门段的深水槽部位存在断层破碎带。西江下游在三水以下通过基岩区直流南东的趋势,很可能与这类破碎带有关,亦即西江的三水-磨刀门段兼具构造谷(断裂谷)与侵蚀谷的特征。但河口区毕竟有它自身的特点,潮流的顶托就直接影响了水流的下切。因此,和上游比较,同为断裂构造地貌,其切割深度相对较小,河谷形态相对和缓。沉积物的连续性相对较差,相同的层位厚度变化大,岩性不稳定,仍有尖灭、分叉、岩性不连续等现象。

根据^{14}C、热释光测年数据和沉积物厚度,可以大致推断第四纪沉积物的沉积速率(表3-3)。由表3-3和图3-57可以看出,沉降速率变化的总趋势是由西向东增大(图3-57),在西江主航道(左汊流)的ZK9孔、ZK3孔南东百余米达到最大值(-6.71mm/a)。再向东沉降速率变小,基本恢复至西侧的水平(<-4mm/a)。表3-3还表明,沉降速率大体上顺应了基底地形的起伏,但起伏的高差没有相似的比例。例如,基底地形存在东、西两个凹槽(古河床?),深度分别为55m和52m,东槽比西槽深近3m,但两处的沉降幅度分别为-6.71mm/a(ZK9孔)和-2.89mm/a,前者为后者的2.3倍。这种差别似乎难以用沉积速率的差异来解释,而只能归因于构造因素:不均衡沉陷或断裂活动的结果。

另外,除了沉降幅度分别为-6.71mm/a的ZK9孔外,在ZK13孔和ZK12孔之间,ZK4孔和ZK11孔之间,也存在着沉降速率的突变。在ZK13孔和ZK12孔之间只隔一个ZK6孔,ZK4孔和ZK11孔之间,ZK9孔和ZK2孔之间两孔均相邻,这种在短距离内的速率突变,一般也可以用断层活动来解释。由图3-56可见,在速率突变的相应部位,基底地形都有类似的显示,而且符合速率曲线变化的趋势,即如果确实存在断层和断层的活动,则东盘(上盘)应为下降盘,这种活动方式与西江断裂的近期活动方式是一致的。

表3-3 磨刀门钻孔第四系沉积速率表

孔号	孔深(m)	年代(a BP)	沉积速率(mm/a)	平均沉积速率(mm/a)	备注
ZK13	12.9~13.1	7610±257	1.71	1.24	^{14}C
	25.3~26.0	34 379±211.4	0.70		
	12~14.5	7580±480	1.85	1.85	TL
ZK12	14.1~14.4	4626±116	3.09	2.89	^{14}C
	26.0~26.2	9737±196	2.68		
ZK4	24.9~25.1	9795±280	2.55	2.55	^{14}C
ZK11	36.6~37.0	9507±202	3.87	3.87	^{14}C
ZK10	20.3~20.7	5843±224	3.53	3.76	^{14}C
	35.3~36.0	8095±4247	3.99		
ZK9	20~20.5	3107±138	6.71	6.71	^{14}C
	43~50	29 400±1800	1.67	1.67	TL
ZK2	37.1~37.4	12 244±350	3.05	3.25	^{14}C
	49~50	14 352±312	3.45		
ZK14	12.6~13	3784±112	3.38	3.38	^{14}C
ZK8	21~22.4	9569±225	2.27	2.27	^{14}C
	34.3~35	20 300±1200	1.71	1.71	TL
ZK3	13	3419±214	3.80	3.42	^{14}C
	23	7580±520	3.03		
ZK7	13~18.03	6440±410	2.80	2.80	TL

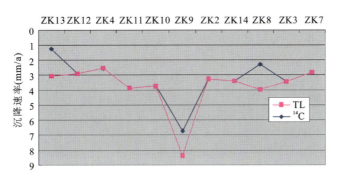

图 3-57 磨刀门从西向东第四系沉积物沉降速率图

2. 小黄杨联合钻孔剖面

小黄杨剖面是西江断裂地表磨刀门附近主要分支断裂 F006 白蕉断裂的南段。为了验证断裂在第四纪中活动性，在前述浅震工作的基础上，在断裂山前部位跨断裂布置联合钻孔 7 个，总进尺 143.9m，联合钻孔剖面见图 3-58。该处基本地层层序以 ZK6 为例，从底到顶，其主要岩性可以分为如下层位。

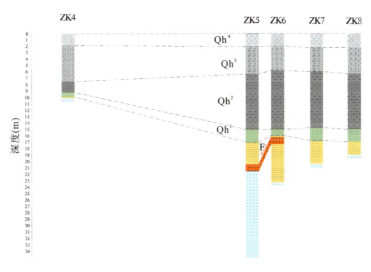

图 3-58 联合钻孔剖面

(8) 0～2m，棕褐色填土层，呈硬塑状，0～0.5m 为人工填土，0.5～1.0m 为耕植土，内部夹杂植物根系；1.0～2.0m 为黏土，内含细砂—中砂，为花岗岩全风化形成的石英颗粒，直径小于 3mm，呈角砾状

(7) 1～5.8m，灰褐色粉砂质淤泥，软塑状，淤泥质含量大于 70%，其中夹杂有少量的石英颗粒及云母碎片，粒径一般小于 0.2mm，底部与下层呈渐变接触

(6) 5.6～13.9m，黑褐色粉砂质淤泥，软塑状，淤泥质含量约 60%，夹杂较多的白色贝壳碎片，直径最大者达 4cm，内部亦含有少量细砂，主要成分为石英颗粒，粒径一般小于 2mm，含量约 10%。底部与下层呈渐变接触。该层 13.1～13.2m 处的 ^{14}C 测年为 3660±30a BP

(5) 13.9～16.0m，黑褐色淤泥质粉砂—细砂，呈可塑状，砂质成分约占 60%，层内可见丰富的生物碎屑，碎片直径 0.2～1cm；粉砂及细砂呈角砾状，磨圆度差，粒径一般小于 2mm，其中在 15.0m 处可见一花岗岩块，直径 6cm，上可见有硅化现象。底部与下层呈突变接触

(4) 16.0～16.2m，中粗砂，为花岗岩原地全风化形成的石英、云母碎片及为彻底风化裂解的花岗岩碎块，呈粉红色，较松散，密实度差，可用手碾碎。中粗砂呈角砾状，直径 2～5mm。底部与下层呈突变接触

(3) 16.1～17.3m，碎裂岩带，岩芯呈块状，直径 3～8cm，呈灰白色，岩块成分以石英质为主，判别其

原岩为花岗岩,可见铁矿化现象及硅化现象。该层主要由于断裂所造成,底部与下层呈突变接触

(2) 17.2～23.3m,中粗砂,为花岗岩原地全风化形成的石英、云母碎片及彻底风化裂解的花岗岩碎块,中粗砂呈角砾状,直径 2～5mm,花岗岩碎块直径 1～2cm,其中,17.30～19.00m 为灰白色,19.00～20.00m 为粉红色,20.00～22.70m 为棕黄色,22.70～23.30m 为灰白色。本层较松散,密实度差,可用手碾碎,底部与下层呈突变接触

(1) 23.2～23.8m,灰白色中粒二云母钾长石花岗岩,弱风化状,岩芯呈饼状、柱状及短柱状,最大柱长 20cm,柱身上节理裂隙不发育

联合钻孔资料表明(图 3-58),西江断裂该段第四系厚 18m 左右,以河口三角洲相为主,由细粒碎屑物-淤泥、粉砂、细砂组成,其间夹有贝壳碎片(以牡蛎壳为主)和炭化植物残体。ZK6 揭示该层底部 ^{14}C 测年结果为 3660±30a BP,为万顷沙段(Qh^w)。按岩性差异,由上至下大致可分为 4 层:①人工填土;②海相淤泥,棕褐色—灰褐色,呈流塑状至软塑状,土质较均,一般微层再发育,内含较多腐殖质、生物残骸及贝壳碎片;③粉细砂,灰褐色—灰黑色,层内含淤泥质土,局部可见云母碎片,含石英质颗粒,呈棱角状、亚圆形,粒径约为 2～10mm。层内可见贝壳碎片及牡蛎残骸。横向上厚度变化较大,厚度 0.2～10.0m;④下伏花岗岩风化壳,厚度变化较大,数米至数十米不等。

在钻孔 5、钻孔 6 发现破碎带,厚 1m 左右。破碎带特征相似:破碎带岩性主要为碎裂岩、角砾岩等,碎块呈棱角状,可判别其原岩为花岗岩,带内可见褐铁矿化及硅化现象,具典型构造破碎带特征。破碎带两侧为花岗岩,其下围岩构造裂隙发育,且发育褐铁矿化、绿泥石等构造变质现象。结合基岩露头特征和物探资料,推测断层存在,视宽度 1.0m 左右。断裂下盘上升,上盘下降,为一正断层。

联合钻孔剖面表明,该处存在基岩断裂,断裂附近基岩普遍较破碎,断层下盘侵蚀较强,形成原始地貌的差异。从第四系看,断裂未切割至第四系底部,断裂两侧第四系整体连续性好,两侧地层亦无等时性错动现象。该区已有第四系底部沉积物年龄 3600 年左右,可见,该断裂全新世(3600a BP)未发生错动。

通过跨断裂(F005、F006)地层对比和沉降速率突变看,大敖断裂(F005)南段磨刀门附近具有弱活动性,白蕉断裂 F005 附近则没有活动证据。

四、讨论与结论

西江断裂第四纪活动性较复杂,需进行综合分析。

1. 第四纪地貌特征和第四纪地层切割关系

调查表明,西江断裂与西江水系发育特征、第四系等厚线、现代形变沉降速率等均具有一定耦合性;但形变速率并不明显,广东省地震局在 1992—1998 年连续 6 年在横坑里一带对横坑里断裂进行跨断层水准测量,结果显示,断裂近年来平均活动速率为 0.11mm/a,说明断裂现今活动并不明显。

二级抬升阶地的存在也表明断裂附近第四纪地貌体在中更新世至晚更新世时期曾有过抬升。但现代河流未发现同步拐弯、错动,断裂形成的瀑布、洪积扇等切割新构造活动迹象;断裂通过附近河流阶地结构完整,未见错动等现象。以上事实表明西江断裂晚更新世以后活动较弱。

现场调查、浅层地震勘察和钻探验证均未发现断裂切割至第四系。已有测年数据表明,西江断裂三水至磨刀门段第四系沉积物年龄最老年龄为 40 000 年左右,说明珠江三角洲第四系形成以来西江断裂未发生显著活动。

结合邓起东先生定义活动断裂为切割晚更新世以来地层的断裂,按照这个标准,西江断裂及其各分支,应该定义为弱活动断裂。

2. 历史地震

断裂带历史记载共发生 ≥4 3/4 级地震 5 次,最大震级 5.5 级(澳门,1905)。近年来其与广三断裂交会处曾发生 3 级小震,表明断裂带在近代仍有活动,是值得注意的孕震地段(庄文明等,2003),尤其是西

江断裂分支大敖断裂(F005)磨刀门附近与东西向深圳断裂交会处仍具有一定活动性。

3. 钻孔验证

小黄杨钻孔验证表明西江断裂该段第四系未发生等时错动现象,磨刀门物探和钻探结果都表明,新地质年代学测定得出的沉降速率自东、西两侧向主航道增大的变化,我们倾向于是不均衡沉降的结果。但在此背景上不排除存在断层微量活动的可能性,特别是ZK10孔和ZK9孔之间,^{14}C曲线和热释光曲线的沉降速率同步增大,反映断裂上盘相对下滑,相对活动速率分别为1.15mm/a和1.09mm/a,同属弱形变和微弱形变。

前述ZK13孔和ZK12孔之间,以及ZK11孔和ZK4孔之间若存在断层并有近期活动,其相对运动速率也只有0.92mm/a和1.32mm/a,属于同一数量级的弱形变;另一方面,即使ZK10孔和ZK9孔之间的沉降速率差是由断裂活动引起的,其形变值也只有2.95mm/a,而远小于临震时的突变速率(约10倍于该值)。

考虑珠三角的人口密度和重要地位,本着谨慎的原则,按照钻孔验证结果沉降速率会突变现象,西江断裂分支大敖断裂(F005)磨刀门附近与东西向深圳断裂交会处具有一定弱活动性。

4. 年代学反映的断裂活动性

为了对断裂各段的活动性有一个总体把握,我们对不同地段的断裂带内物质进行了采样测试。表3-4是项目组自测和收集到的断裂带内物质的测年结果部分资料。

表3-4 西江断裂不同部位断裂测试年龄表

序号	地点	断层物质	年龄(ka)	测试方法	数据来源
1	隔田-1(F004)	断层泥	285	ESR	武汉地质调查中心
2	隔田-2(F004)	构造岩	424	ESR	武汉地质调查中心
3	九江河段(F004)	断层泥	44.2	TL	武汉地质调查中心
4	了哥山(F003)	断层泥	49.5	TL	吴叶彪等
5	了哥山(F003)	断层泥	99.7	TL	吴叶彪等
6	了哥山(F003)	构造岩	146.6	TL	吴叶彪等
7	岐样里(F005)	断层泥	95	TL	吴叶彪等
8	岐样里(F005)	断层泥	100.6	TL	吴叶彪等
9	横坑里(F005)	断层泥	285.6	TL	吴叶彪等
10	天台山(F004)	构造岩	443	ESR	武汉地质调查中心
11	斗门水磨岩(F005)	构造岩	200.8	TL	张虎南等
12	鸡啼门(F005)	构造岩	79.3	TL	张虎南等
13	挂锭角(F005)	构造岩	354.3	TL	张虎南等
14	小黄杨(F006)	断层泥	360	ESR	武汉地质调查中心
15	磨刀门钻孔(F005)	断层泥	2.34	TL	张虎南等

表3-4显示,第四纪以来西江断裂带内各断裂都有过不同程度的活动,且活动时间不一,断裂测龄跨度在距今2万～40万年之间,并明显出现距今1万～4万年(3组)、8万～10万年(4组)、20万～30万年(4组)、35万～40万年(4组)4个活动时期。由此可见,断裂在中更新世中期至晚更新世中晚期曾发生过多次活动,且明显具有北南往南活动性更晚的趋势。该断裂(F005)最后一次活动时间可能在3万～6万年左右,磨刀门附近最后一次活动时间2万年左右,其后活动性均较弱,基本没有在地表留下

活动的地质地貌证据。

从年龄测试看，只有西江断裂南段磨刀门分支大敖断裂（F005）年龄在 10 万年以内，但趋势比其他年龄段少。按照从年龄测试看西江断裂分支大敖断裂（F006）磨刀门附近与东西向深圳断裂交会处具有一定弱活动性。

5. 结论

关于活动断层的概念，据邓起东院士、国家标准和地震行业标准（GB17741—2005；DB/T14—2009），定义为晚更新世（约 10 万～12 万年）以来有过错断地表运动，使地表或近地表地质地貌变形的断裂。地质地貌和浅层地震探测、联合钻孔验证均未发现断裂切割第四系现象；第四纪地貌与西江断裂耦合性特征及历史地震情况表明，目前西江断裂新构造运动以渐进性抬升或下沉为主，局部通过小震释放能量。

从已有测年数据看，西江断裂带在南段大敖断裂磨刀门段中更新世中期有过一次相对较强的活动，磨刀门段最新测年数据 2 万年左右，考虑断裂带历史记载共发生 ≥4$\frac{3}{4}$ 级地震 5 次，最大震级 5.5 级（澳门，1905）。近年来其与广三断裂交会处曾发生 3 级小震，表明断裂带在近代仍有活动，是值得注意的孕震地段。考虑磨刀门段地貌特征及磨刀门形成演化历史，并结合联合钻孔验证资料，在相隔较近的钻孔发生沉降速率突变现象，所以该段断裂具有一定活动性，但即使 ZK10 孔和 ZK9 孔之间的沉降速率差是由断裂活动引起的，其形变值也只有 2.95mm/a，而远小于临震时的突变速率（约 10 倍于该值），故将该段定义为弱活动断裂。

综合研究认为，西江断裂定义为弱活动断裂。

第四章 沙湾断裂带特征及其活动性

沙湾断裂的组成、分布及活动性等特征，前人曾做过一些工作，包括重点区地面调查和隐伏区探测等，取得了一些进展。沙湾断裂露头较少，大部分隐伏于第四系之下。沙湾断裂隐伏区探测工作，主要由广东省地质局在广州市城市地质调查工作中取得，主要以浅层地震探测、测氡化探及钻孔探测等（广东省地质调查院，2007）。

已有调查研究结果表明，沙湾断裂北起花都白坭，向南经官窖、松岗、大沥、顺德平洲、陈村至番禺沙湾，沿洪奇沥水道没入伶仃洋，总体走向320°，倾向南西，倾角大约50°～80°。这条断裂带在遥感影像上表现为深浅不同的断续色带、断裂两侧颜色差异、山体切割、河流肘状和角状拐弯等影像特征（佛山地质局，2007）。航磁 ΔT 系列图对该断裂有很好的反映，在其上延10km、20km、30km图上反映都很清楚，浓黑影带自花都西北侧，经广州、番禺西侧、中山东北侧往南西方向可直延至担杆列岛西侧，据推测，本断裂深可及20km以上（任镇寰等，2007）（图4-1）。

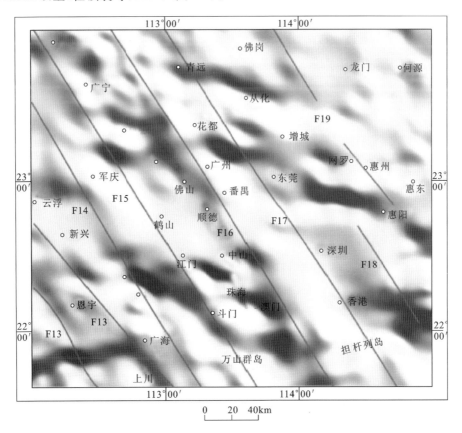

图4-1　珠江三角洲航磁 ΔT 上延10km一阶方向导数灰度图（45°），F16为沙湾断裂

该断裂穿行于晚古生代—新生代地层，地层中发育一系列同方向的断裂和褶皱，还错断了新华夏系和纬向构造，控制了三水白垩纪—古近纪盆地的东侧边界。晚第四纪以来，断裂呈正断平移方式活动（黄玉昆等，1983）。张虎男等认为（1994），"北西向断裂活动的强度相差较大，在其影响带内的花岗斑岩，几乎没有应力作用的迹象。而沙湾断裂构造岩的分布不仅有一定的宽度，还可细分为若干不同的岩性-变形带"，所以可推断其经过了多期活动，活动性较强。据宋方敏等（2003）对沙湾断裂的两盘4个可对比钻孔的相对高度及测年计算得出，自晚更新世以来，两盘相对位移速率为0.34～0.39mm/a，判定

其为弱活动性构造。但也有学者认为,沙湾断裂目前是北西向断裂中最为活动的一条断层,且这条断层与多次历史地震有关(李纯清,1998;卢帮华,2006)。

作为珠三角地区北西向一条主干断裂,沙湾断裂带因其大部都隐伏于第四纪之下,露头较少,所以对这条断裂的专题研究较少。沙湾断裂带对于广州、佛山地区的城市建设和人民的生命财产安全存在直接的影响,因此,对其进行深入系统的调查分析,查明其空间分布、演化历史及近代活动性和活动趋势,不但对于珠江三角洲的形成和演化等理论问题的研究有重要理论意义,更有重要的实用意义。在前人研究的基础上,我们进行了一系列的工作,包括 1:50 000 地表调查和深部隐伏区探测等,基本查清了其主体分布和活动性特征。

第一节 沙湾断裂带组成及主体分布

一、断裂带组成

在前人研究的基础上,我们通过 1:50 000 系统野外调查、钻孔探测、氡气探测及浅层地震等手段,大概确定了沙湾断裂的展布位置及展布方向。从图 3-1 可以看出,沙湾断裂是一条宽约 25km,长约 120km 的由多条断裂(F005—F014)组成的断裂带,次级断裂发育。其纵贯花都、南海、顺德、南沙、番禺、中山黄圃,沿洪奇沥水道入海。总体走向 320°,倾向南西,倾角大约 50°~80°。断裂主要发育于云开岩群、白垩系和花岗岩中。构造岩主要为碎裂岩、硅化岩和断层角砾岩,晚期发生硅化、褐铁矿化、黄铁矿化等蚀变。

该断裂主要由下列断裂组成:白坭-陈村-万顷沙断裂(F007)、里水-沙湾-蕉门水道断裂(F008)、青萝嶂断裂(F009)、大乌岗断裂(F010)、黄圃断裂(F011)、罗村-洪奇沥断裂(F012)、紫泥-灵山断裂(F013)、大岗-横沥断裂(F014)。以上断裂在地表出露,露头零星,从北到南,在白坭、莲塘、官窑、松岗、沙湾、南村、大岗等地零星出露,其余多被第四系覆盖。

二、主体分布

通过 1:50 000 填图、物探、化探和钻探等手段,根据断裂不同段落的几何形态、运动学和动力学特征综合判断(分类理由和证据后面各章具体论述),白坭-陈村-万顷沙断裂(F007)、里水-沙湾-蕉门水道断裂(F008)为其主断面所在。

根据地貌学、遥感影像、物探、钻探等资料,白坭-陈村-万顷沙断裂(F007)走向 310°~320°,倾向南西,倾角 50°~60°,分布于白坭-松岗-陈村-万顷沙一带,区内长约 100km。在白云区白坭镇、松岗、番禺区陈村及南沙都宁冈一带发现典型露头。

里水-沙湾-蕉门水道断裂(F008)北起白云区里水,经番禺沙湾镇沙头街,向南经蕉门水道入海。据 1:25 万江门幅区域地质调查显示,沙湾断裂多隐伏于第四系之下,走向 310°~320°左右,倾向南西,倾角 50°~60°,分布于番禺沙湾—南沙,区内长约 60km。断裂主要隐伏于第四系及现代水系之下,地表仅在番禺疗养院及沙湾一带有所出露。在番禺疗养院一带,见破碎带宽约 5m,带中岩石强烈压碎,具褐铁矿化,次级裂隙指示上盘下滑,为正断层;沙湾一带,断裂迹象尤为明显,发育三条平行的硅化带,单一硅化带宽约 20m,长数百米。遥感图像上主要表现为北西向的线状水系。

第二节 沙湾断裂带的主要特征

一、地貌特征

沙湾断裂带总体走向为北西-南东向,地形上呈现北西高、东南低的特点。总体地貌北部为低山丘陵,南部为残丘-平原地貌(图 4-2)。

断裂带在白坭一带,地表可见低山分布,山脊走向为北东-南西向,最高海拔约为 340m,在龙塘镇—三八镇之间,山脊最高海拔可达 467m,山脊走向呈北东走向。在里水镇南东,断裂切割早期形成的北东走向的山脊,该处山脊最高海拔约为 60m;向南东在番禺南双玉村,山脊走向近南北向,山脊海拔达 144m,由于断裂通过番禺断隆地区,在后期构造差异运动作用下,断裂通过处山脊海拔较里水一带稍高。黄阁镇南西最高海拔为 197m。该断裂通过之处,总体显示北部地势较高,中部低缓,在珠江入海处受早期构造隆起所限,断层切割地形相对较高,在河流侵蚀作用下,逐渐形成"门"的地形地貌特点。

此外,从三角洲外围夷平面分析,从中新世到晚更新世,在大罗山、广州白云山、中山五桂山等地发生多级夷平作用(表 4-1)(曾昭璇,2012),说明在中新世以来,三角洲内及外围山地的抬升,均为构造抬升作用的结果。而北西向断裂在造貌过程中扮演重要角色。

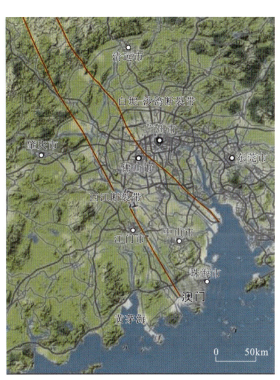

图 4-2 研究区北西向断裂分布地形地貌图

表 4-1 广州及珠江三角洲外围夷平面年代

地点	海拔高度(m)	产生年代
清远大罗山	1000	中新世
广州白云山	350	上新世
中山五桂山	350	
广州越秀山、黄花岗等	60~80	早更新世
中山五桂山	50~70	
广州越秀山、黄花岗等	34~45	早—中更新世
中山五桂山	24~35	
广州越秀山、黄花岗等	20,4~8	晚更新世
中山五桂山	4~8	

二、地层岩性

沙湾断裂带通过的前第四纪岩层从老到新有元古宇、寒武系、石炭系、二叠系、三叠系、侏罗系及第三系,此外还有燕山期花岗岩,其岩性及断裂带特征如表4-2所示。

表4-2 沙湾断裂带岩性特征及分布

年代地层	主要岩性组合	断裂带岩性特征	代表断层	露头位置
古近系(E)	钙质泥岩、粉砂岩、细砂岩,夹泥岩	硅化岩、构造角砾岩	F007	官窑、松岗
白垩系(K)	砾岩、砂岩、粉砂岩、粉砂质泥岩	断层泥,构造角砾岩硅化岩	F007、F010、F013	陈边、西淋岗、都宁冈、黄圃镇
三叠系(T)	灰岩、复成分砾岩、砂岩夹粉砂岩、碳质泥岩	断层破碎带、碎裂岩	F007、F010	官窑
石炭系(C)	粉砂岩夹含碳泥岩、砂岩、粉砂岩、灰岩、白云岩	构造角砾岩、碎裂岩;挤压片岩	F007、F008、F010	都国泰、官窑、松岗
元古宇(Pt)	云母石英片岩、云母片岩、(混合质)黑云斜长片麻岩、变粒岩、变质砂岩和石英岩	碎裂岩、构造角砾岩	F014	白坭山
加里东期花岗岩(Sγ)	浅灰色中细粒黑云母二长花岗岩	构造角砾岩、碎裂花岗岩组成	F008、F012	黄山鲁

由表4-2可知,沙湾断裂主要发育于元古宇、白垩系及第三系中,在官窑以北地区的三叠系砂岩中有露头出露;此外在黄山鲁南西的采石场中,见有北西向断裂通过花岗岩,花岗岩发生碎裂岩化,断层旁侧解理较为密集。通过区域对比发现,该花岗岩为加里东期花岗岩($S\gamma$)。

三、断裂带几何特征

通过野外调查及室内资料综合分析、整理,认为沙湾断裂带内部断裂产状较为复杂,显示了该断裂具有多次活动的特点。该断裂总体走向为310°~340°,倾角较陡。该断裂带主要断裂代表露头的几何特征如表4-3所示。

表4-3 沙湾断裂带代表露头几何特征统计表

断裂编号	破碎带宽度(m)	走向(°)	倾向(°)	倾角(°)	断层现今性质
F007	2~5	300~335	南西	81~85	正断层
F008	10	320	南西		正断层
F009	>20	320~330	240	80	正断层
F010	1~4	320	60	50~70	逆断层
F011	11.6	320	50	80	正断层
F012	2~5	320	南西	65	逆断层
F013	20	320~330	北东-南西	50~70	正断层
F014	0.8	315	225	80	正断层

由表4-3可以看出,沙湾断裂北段倾向以南西为主,南段东西两侧也以南西为主,但中部较复杂,变化较大,显示内部多期活动特点。而沙湾断裂东侧陈边断裂、大涌-板头村断裂、东涌-黄山鲁断裂倾向北东,理应归属另一断裂带——化龙-黄阁断裂带。沙湾断裂带内部复杂的断裂产状与周边断裂共同控

制了断裂周边地形地貌的发育。

从西淋岗-文冲构造剖面反映（图4-3），西淋岗受罗村-洪奇沥断裂（F012）、陈村断裂西淋岗次级断裂（F005-5）、大乌岗断裂（F010）、青萝帐断裂（F009）控制，呈现断隆特点，从大乌岗断裂沿63°方向，依次可见里水-沙湾-蕉门水道断裂（F008）、化龙-黄阁断裂次级断裂黄山鲁断裂（F015）、陈边断裂（F014-3）、北亭断裂（F014-4）分布，而北亭断裂与文冲断裂（F014-5）共同构成了断陷，为北江的侵蚀及河流流向具有明显控制作用。在长洲镇北东一侧，地表见有元古宙云开群变质岩及侏罗纪花岗岩出露，表明该处可能受剥离断层所致，而珠江口水道有北东倾向的正断层珠江口断裂存在（F016），其与文冲断裂共同控制了现在珠江口水系的展布。

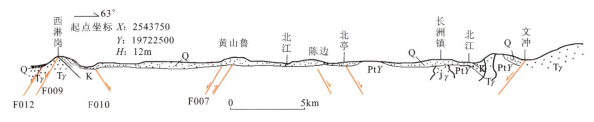

图 4-3　西淋岗-文冲构造剖面图

沙湾断裂带南部，断裂的几何特征与化龙-黄阁断裂截然不同。从黄圃镇-黄阁镇构造剖面图反应（图4-4），黄圃镇—黄阁镇之间总体呈现构造断陷的特点。F011、F012、F013及F007断裂均倾向南西，呈现一系列阶梯状下滑的特点，而大岗断裂倾向北东（F014），与上述断裂共同构成了大岗、灵山等地断隆地貌。化龙断裂在南湾村一带出露，断层切割了志留纪花岗岩，岩石强烈破碎，局部出现挤压片理。该断层总体倾向北东，与南东方向延伸的黄山鲁断裂形成鲜明对比。黄山鲁断裂总体倾向北东，断层控制了其北东方向的沉积盆地及珠江口水道的流向，断层破碎带可见明显碎裂岩化。

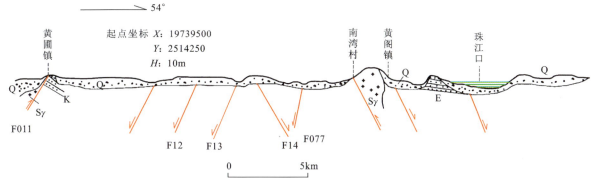

图 4-4　黄圃镇-黄阁镇构造剖面图

以上分析说明，沙湾断裂总体走向为310°～340°，断裂内部有多期的活动，断裂分支较多表现了该区域构造应力的不断调节作用的结果，同时断裂产状由南至北在多期活动下，有偏转特点。其中白坭-陈村-万顷沙断裂（F007）、里水-沙湾-蕉门水道断裂（F008）总体倾向南西，规模较大，活动期次较多，为沙湾断裂主断面所在。

四、沙湾断裂带主要露头及特征

1. 白坭-陈村-万顷沙断裂（F007）

通过地面遥感、地面调查、物探、搜集钻孔、化探、物探资料等手段，结合地貌判断，白坭-陈村-万顷沙断裂北至白云区松岗镇、佛山都宁岗、陈村一带出露，向南没入万顷沙，走向310°～320°，断裂总体倾向北东，产状225°∠54°～80°，该断裂向两端延伸100km左右。断裂延伸较长，规模较大，产状基本稳定,次级断裂发育,是控制三角洲及其地貌发育的重要断裂,判断其为沙湾断裂主断面之一。断裂大部隐伏于第四系中,在松岗、都宁冈和沙湾镇陈村可见典型露头。从北至南,断裂主要断层由松岗断裂(F005-1)、官窑断裂(F005-2)、西淋岗断裂(F005-3)、陈村断裂(F005-4)、都宁冈断裂(F005-5)、灵山断裂(F005-1)等分支或次级断裂构成。佛山以南隐伏区由钻探资料控制,以北则通过遥感或地貌推断而出。

1) 竹湖-松岗断裂(F005-1)

竹湖-松岗断裂(F005-1)在松岗一带出露,断裂破碎带宽度超过 20m,构造岩主要为断层角砾岩与挤压片岩(图4-5)。断裂产状为北西320°～330°,上盘为古近系,下盘为下石炭统砂岩、粉砂岩。该处断裂最新一次活动的时间应为古近纪之后和第四纪之前。

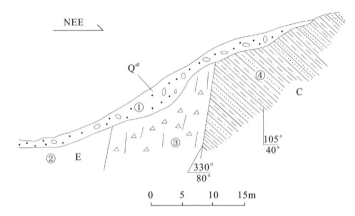

图4-5 竹湖-松岗断裂(F004)松岗西侧地质构造剖面图
①第四系坡积层;②古近系紫红色残积层;③构造角砾岩;④下石炭统砂岩、粉砂岩

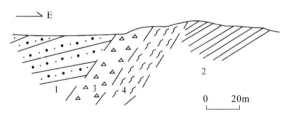

图4-6 官窑断裂素描图
1.古近系粗砂岩;2.石炭系粉砂岩;3.硅化岩;4.挤压片岩

2) 官窑断裂(F005-2)

官窑断裂(F005-2)在南海官窑附近出露,破碎带宽约10m,上盘为古近系粗砂岩,下盘为石炭系粉砂岩(图4-6)。破碎带由两部分构造岩组成,上部为硅化岩,下部为挤压片岩,显示该段断裂至少经过了两期活动,先挤压后拉张。破碎带切穿古近纪地层,说明晚期活动可能是古近纪之后。

3) 西淋岗断裂(F005-3)

西淋岗断裂位于顺德西淋岗,错动地层为早白垩世,上盘为白鹤洞组(K_1bh)硅化复成分砾岩,下盘为晚白垩世花岗岩或白鹤洞组灰褐色泥灰岩、石英砂岩和紫红色泥岩。断裂破碎带宽1～4m,由硅化岩、碎裂岩、断层角砾岩、断层泥等构成。

断裂整体走向320°,倾向北东,倾角50°～70°,可见长度约1.1km,断面清晰,呈舒缓波状,并出现分支复合现象(图4-7)。断裂向两侧延伸没入第四系中。从断裂产状看,断裂可能为主断裂的次级断裂。

图4-7 西淋岗石洲断裂露头(红线为断裂)(镜向南东)

断裂下盘红层的拖曳指示断裂早期的活动方式为逆冲断层(图4-8),该次活动应发生于白鹤洞组沉积之后和其下的晚白垩世花岗岩形成之前,证据是本期活动产生的构造岩及其上的白鹤洞组砾岩一同被硅化。

断裂的逆冲作用之后,又发生过近于水平的右旋扭动或低角度斜冲活动,本期活动产生的断面平直,破碎带宽约1.5m,构造岩有强烈的绿帘石化现象(图4-9),断裂面上可以见到十分清晰的右旋水平擦痕和阶步(图4-10)。断裂的最新一次活动表现为正断层,上盘斜落擦痕明显,断面上有厚达2~10cm的灰黑色断层泥(图4-11)。

图4-8 北西向断裂及其下盘的牵引构造

图4-9 石洲断裂晚期右旋扭动产生的破碎带

图4-10 石洲青萝嶂断裂面上的右旋扭动擦痕
（镜向北东）

图4-11 最近一次断裂活动产生的擦痕和断层泥
（箭头示下盘移动方向）

从断裂产状看,尤其是倾向北东的特征,断裂可能为主断裂的次级断裂。

4) 陈村断裂(F005-4)

陈村断裂(F005-4)在番禺沙湾镇凤山水泥厂及番禺理工学院可见典型露头。凤山水泥厂露头出露于番禺沙湾镇凤山水泥厂开挖边坡处,断面舒缓波状(图4-12、图4-13),上覆铁质薄膜,断层破碎带宽20m,破碎带中部有宽0.3m的褐铁矿化碎斑岩,少量残斑呈次棱角—次磨圆状,胶结松散;碎斑岩两侧为蚀变碎裂岩带,岩石强烈破碎、硅化、绿泥石化蚀变,破碎带中还见残留宽3.5m的厚层砾岩。受断裂影响,两侧岩石碎裂岩化,具绿泥石化蚀变。

图4-12 番禺沙湾镇凤山水泥厂
北西向陈村断裂主断面形态

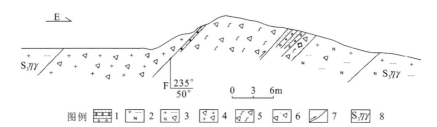

图 4-13 番禺沙湾镇凤山水泥厂北西向断裂实测剖面图

1.砾岩、砂岩互层;2.蚀变细粒黑云母斜长花岗岩;3.碎裂岩化黑云斜长花岗岩;4.轻微碎裂绢云母化细粒斜长花岗岩;
5.蚀变碎裂岩;6.碎斑岩;7.逆断层;8.晚志留世黑云斜长花岗岩

番禺理工学院宿舍楼后出露 K_1b 红层(图 4-14、图 4-15),下部为灰色中厚层细砂岩夹紫红色薄层粉砂岩,岩层产状不协调,上盘层理 120°∠40°,下盘层理 75°∠45°。断层破碎带宽 15.2m,自南西往北东可划分如下。

(1)硅化碎斑岩:宽 0.15~0.2m,上部为紫红色厚层粉砂质泥岩。陈村断裂发育于下部岩层中,断裂作用使上下错动 2m,岩石强烈磨碎,少量残斑次棱角状,为碎粒-碎粉状物质包围。

(2)硅化碎裂岩:宽 2m,岩石强烈破碎、硅化、褐铁矿化,强烈的构造作用及硅化、矿化蚀变使原岩结构很少保留。

(3)碎裂岩化砂岩:宽 13m。岩石破碎,但原岩结构还能保留,微裂隙发育,沿裂隙充填褐铁矿。

图 4-14 番禺理工学院 F246 破碎带(镜向南东)

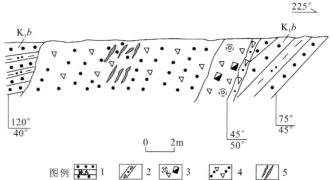

图 4-15 番禺理工学院陈村断裂剖面素描图

1.细砂岩夹粉砂质泥岩;2.碎斑岩;3.硅化褐铁矿化碎裂岩;
4.碎裂岩化砂岩;5.石英脉

此处后期形成的断面上覆铁质薄膜,切割了碎斑岩,旁侧发育与断面斜交的派生羽状节理,指示上盘下降,为正断层。综合判断断裂的活动性质早期为逆断层,晚期为正断层。

5)都宁冈断裂(F005-5)

都宁冈断裂(F005-5)在佛山都宁岗及紫坭大桥桥东地区可见露头。都宁冈露头发育于百足山组薄层粉砂岩夹泥岩中,可见宽 0.8m 的构造角砾岩及密集节理带,两侧地层明显错断,断距不明,断面产状 225°∠80°(图 4-16)。

在紫坭大桥东侧开挖面,见沙湾断裂破碎带。由于开挖剖面走向与断裂走向小角度斜交,使破碎带出露宽近 200m(图 4-17);破碎带由碎裂岩、硅化岩和断层角砾岩、断层泥等构成,上、下两盘岩石均一定程度硅化。剖面南侧的硅化碎裂岩中发育两组节理,产状分别为 190°∠50°和 120°∠30°;断层角砾岩带中发育一晚期破裂面,产状 220°∠70°,其内发育厚约 1~3cm 的青灰色断层泥。

图 4-16 都宁冈露头特征(镜向东南,红线区域为密集节理带)

图 4-17 紫坭大桥桥东沙湾断裂破碎带剖面示意图
1.硅化碎裂岩;2.断层角砾岩;3.节理;4.后期破裂面

该断裂点北西方向近200m处,可以见到硅化破碎带清晰的上界面,断面呈舒缓波状,上盘岩石破碎强烈(图4-18)。

6) 紫坭-灵山断裂(F005-6)

在番禺灵山大岗花岗岩采石场,发育规模巨大的北西向断裂。断裂走向北西320°~340°,倾向南西,倾角80°。破碎带宽约10m,上界面较平直,下界面呈舒缓波状(图4-19),上、下盘均为花岗岩;带内的岩石被强烈压碎和片理化,局部为角砾和岩粉,胶结甚差。据陈国能等(2010)对旁侧方解石脉测年,未压碎的方解石脉的TL年龄为7.13万年和5.66万年,而破碎的方解石脉为5.09万年左右(图4-20)。

图 4-18 都宁冈-万顷沙断裂(F007)断裂破碎带
(镜向东)

图 4-19 灵山采石场中的北西向断裂破碎带(镜向北)

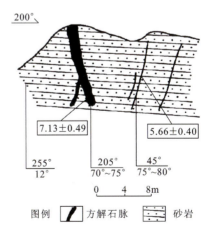

图 4-20 灵山大岗方解石脉测年
(方框内为TL年龄,单位:万年)

2. 里水-沙湾-蕉门水道断裂(F008)

通过地面遥感、地面调查,物探、搜集钻孔、化探、物探资料等手段,结合地貌判断,里水-沙湾-蕉门水道断裂(F008)北至白云区白坭、里水镇,经番禺沙湾镇大夫山附近,向南经蕉门水道入海。据1∶25

万江门幅区域地质调查显示,沙湾断裂多隐伏于第四系之下,走向310°~320°,倾向南西,倾角50°~60°,区内长约100km。

里水-沙湾-蕉门水道断裂延伸较长,规模较大,产状基本稳定,次级断裂发育,是控制三角洲及其地貌发育的重要断裂,判断其为沙湾断裂主断面之一。断裂主要隐伏于第四系及现代水系之下,地表仅在白坭、里水、番禺疗养院及沙湾一带有所出露。在番禺疗养院一带,见破碎带宽约5m,带中岩石强烈压碎,具褐铁矿化,次级裂隙指示上盘下滑,为正断层;沙湾一带,断裂迹象尤为明显,发育三条平行的硅化带,单一硅化带宽约20m,长数百米。遥感图像上主要表现为北西向的线状水系。从北至南,断裂主要断层由白坭断裂(F006-1)、里水断裂(F006-2)、平洲水道断裂(F006-3)、梅冲河断裂(F006-4)、沙湾镇断裂(F006-5)等分支或次级断裂构成。沙湾水道以南隐伏区由钻探资料控制,以北则通过遥感或地貌推断而出。

1)白坭断裂(F006-1)

通过填图、物探等手段,确定白坭-大石断裂(F004-8)走向310°~320°,倾向南西,倾角50°~60°,分布于白坭—大石一带,区内长约10km。典型露头位于花都区赤坭镇。

白坭露头在点上呈现明显的负地形,形成的断层破碎带宽约30~50m,走向约为335°;从该点沿断层破碎带向南西方向观察,南西方向山头之间已存在负地形地貌,反映该断裂延伸相对较远。

断层切割地层主要岩性为粉砂岩、细砂岩,夹页岩、碳质页岩等,其岩性组合属于大赛坝组(Cds)。岩石风化后,表面呈浅灰色、灰白色。从点上观察,地层总体走向北东向,产状:200°∠15°。

断层破碎带内,主要可见断层角砾岩,岩石多硅化,表面褐铁矿化。断层面总体倾向南西,倾角较陡。断层性质为正断层(图4-21)。

在断裂带南东侧山沟中,发现岩石中节理裂隙较为发育,其中,主要发育三组节理(图4-22)。

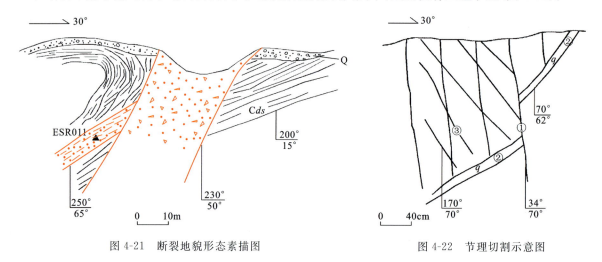

图4-21 断裂地貌形态素描图　　　图4-22 节理切割示意图

(1)①组,产状34°∠70°,节理面平直,有石英脉充填,厚约2cm,黄褐色。节理密度8条/m,间距为5~14 m,错距为40cm。

(2)②组,产状70°∠62°,其中有石英脉充填,节理密度2~4条/m,石英脉厚约2.5cm,被①切割,呈现左旋剪切特征。

(3)③组,产状170°∠70°,节理密度30条/m,其可能与①共轭,间距0.4~3cm。

此外,在北西方向人工露头上,发现一处逆冲断层,断层走向南北向,倾向西,倾角40°,断层面清晰,其上见有挤压形成的断层泥(图4-23)。断层形成的错距达到1.5m。该断层与北西向断裂呈斜交,整体位于下降盘,显示断裂活动过程次级效应。

向北西方向追索,发现在点北约为30m处的露头上,发现倒转背斜构造(图4-24),褶皱轴向近南北向,褶皱南东翼产状较缓,倾角约为14°~20°,褶皱北西翼较陡,产状约为155°∠44°~55°,褶皱转折端

图 4-23　点北西逆断层形态（镜向 90°）　　　　图 4-24　点北西褶皱形态

处，岩石劈理较为发育。

在点西调查发现，有 340°方向的断裂通过，其可能为北西向主断裂的次级断裂带，该断裂带宽约 10～40cm，向南东方向逐渐加宽。断裂带内可见硅化、褐铁矿化等蚀变及构造挤压透镜体等产物。该断裂带总体产状为 250°∠65°，与北西向主断裂带呈小角度相交，从断裂破碎迹象表明，呈右旋压扭性断层。

综上所述，本点控制的白坭断裂（F006-1），具有多期活动的特点。断裂总体表现为南西倾向的正断层，但其下降盘一侧表现为逆冲断层、高角度逆断层及挤压形成的褶皱构造，褶皱轴向与逆冲断层的走向近似一致，呈近南北向，反映北西向断裂活动早期，区域南北向挤压应力作用导致形成其构造形迹。后期南西倾向断裂，则形成地表沟壑地貌景观，具有明显的正断层活动特点。

里水断裂（F006-2）在花都国泰、平岭头等地出露，其余地段多隐伏于巴江河之下。区内延伸长约 22.5km，走向 300°～335°，倾向南西，倾角 81°～85°。构造岩以构造角砾岩、碎裂岩为主，宽 2～5m，岩石普遍具硅化、挤压破碎、片理化、褐铁矿化，局部见挤压透镜体。镜下见被压碎、磨碎的角砾及碎块成分为硅化石英岩，呈不规则棱角状，裂隙发育，石英可见被压扁拉长、定向排列现象。说明此处先硅化后破碎再被褐铁矿胶结。断层两盘 1.5km 范围内发育有 5 条与之平行的次级断层，靠近断层处岩层产状变陡，甚至直立。主断面位于下石燕一带，断层两盘的石磴子组灰岩被顺时针向切错。断裂在此处活动表现为 3 期：早期为正断层，南西盘相对下降而形成小坪组的超覆沉积；中期表现为强烈挤压，平移逆断层；近期以来，表现为正断层，南西盘下降，控制着第四系和巴江河的走向。

2）沙湾镇断裂（F006-2）

沙湾镇断裂（F006-2）位于断裂中部番禺沙湾一带，在沙湾镇象骏中学及南双玉村可见典型露头。

（1）象骏中学露头。

该露头见于沙湾镇象骏中学。断层上盘为白垩系白鹤洞组（K_1b）灰白色细砂岩偶夹紫红色泥质粉砂岩；下盘亦为白垩系白鹤洞组（K_1b）灰白色细砂岩偶夹紫红色泥质粉砂岩；断裂带硅化强烈，两侧围岩亦见不同程度的硅化（图 4-25）。

观察点处构造带宽 4～8m，断面走向 325°，倾角 65°，下部呈舒缓波状，上部较为平直光滑，局部见擦痕和阶步，破碎带上部两侧泥岩明显挠曲，并指示断裂上盘下降，下盘上升，表明断裂至少经历一期正断层。构造带内部物质由碎裂岩、碎粉岩、角砾岩及部分保留原岩结构的透镜体砂岩组成，靠近下盘硅化强烈。次级构造带内盘面上可见由碎粉岩及类似断层泥物质组成。断裂带中部发育一条北东向断层，在该点被该北西向断层截切，断裂带两侧 300m 范围内见多条次级北西向断裂。根据现场调查初步推断，断裂至少共经历两个期次，第一期为根据擦痕（图 4-26）和阶步判断断裂为左旋（右旋）走滑断层，第二期为断面上部挠曲指示的压型正断层。

图 4-25　象骏中学断裂露头断面舒缓波状　　　　图 4-26　象骏中学断裂露头断面上擦痕与阶步

此点向北西追索,在沙湾镇龙湾可见另一露头(图 4-27)。该剖面的性质与象骏中学断裂露头完全一致。

(2) 南双玉村露头。

南双玉村露头为人工开挖后留下高 4m 左右的残丘,四面均可见新鲜面,从露头情况看,构造带宽度大于 5m(图 4-28),可分为多级构造带,从南西到北东依次为:①强硅化带,宽 2.5m 左右,沿走向在露头的南东、北西两侧倾向相反,北西侧产状 250°∠70°;②弱硅化碎裂岩带,原岩结构严重破坏,并发育多条宽约 3cm 的石英脉,石英脉在沿走向南东、北西两侧亦显示为不同的倾向,北西侧产状 240°∠75°;③碎裂岩带,宽约 1m,原岩结构保存相对较好,见少量构造角砾岩,断面上局部可见褐铁矿化,断面平直光滑,未见擦痕,产状 240°∠75°。

下盘围岩劈理发育,劈理产状 215°∠85°,劈理与断面夹角指示断层为逆断层。

此断层至少经历两期运动,一期为挤压形成劈理,一期为张性运动,拉张形成张性裂隙填充石英脉,并形成褐铁矿化。

图 4-27　龙湾断裂剖面　　　　图 4-28　禺沙湾镇凤山水泥厂北西向陈村断裂主断面形态
　　　　　　　　　　　　　　　　　　　　　　　　　（镜向北北西）

3. 大乌岗断裂(F010)

通过地面调查、遥感等手段,结合地貌判断,大乌岗断裂在番禺大夫山、横江村一带出露,走向 310°～320°左右,断裂总体倾向北东,产状 65°∠54°～80°,该断裂向两端延伸较短。

番禺横江北东公路边坡可见典型露头,观察点断裂走向 320°,倾向北东,倾角 80°。该点处断层破碎带宽 11.6m,中间为硅化褐铁矿化碎斑岩,岩石强烈磨碎,少量残留碎斑被碎粉物质包围,碎斑呈次磨圆—次棱角状,现压扭性质。碎斑岩两侧为褐铁矿化硅化碎裂岩,原岩为变质砂岩。岩石强烈破碎,硅化强烈,沿裂隙常有褐铁矿充填,裂面呈缓波状(图 4-29、图 4-30)。破碎带中有石英细脉充填。旁侧次级裂隙指示断裂最新一次活动为上盘下滑。断层泥的热释光年龄为 535 400±37 000 年,属中更新世。

4. 黄圃断裂(F011)

中山黄圃镇后的山包,可见北西向断裂破碎带宽约 40m,断裂面总体产状呈南西 333°∠67°,上盘为花岗岩,下盘为红层(图 4-31、图 4-32);破碎带硅化强烈,但其内尚可见硅化之前的挤压片理和构造透镜体。在硅化破碎带下方与下盘红色砂页岩的接触界面处,发育 10~30cm 的灰黑色断层泥(图 4-33)。

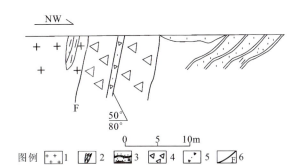

图 4-29 番禺市横江村大乌岗断裂实测构造剖面图
1.细粒花岗岩;2.捕虏体;3.变质砂岩夹云母石英微片岩;
4.碎裂岩;5.碎斑岩;6.断层

图 4-30 番禺横江大乌岗断裂,中间为碎斑岩,
两侧为硅化碎裂岩

图 4-31 北西向断裂(裂缝处为下界面)的硅化破碎带
(镜向南东)

图 4-32 北西向的硅化破碎带全貌(镜向南东)

断面上的断层泥以及硅化岩置于红层之上的现象,说明红层之后断裂发生的逆冲作用。然而,在硅化岩中,又可见到晚期的张性断裂和硅化岩破碎成岩块和角砾的现象,说明断裂晚期还有张性或张扭性的活动(图 4-34)。

5. 紫坭断裂(F013)

紫坭断裂典型露头见于南沙区大岗镇十八罗汉山,两端延没于第四系中。

1) 露头基本特征

紫泥-灵山断裂以西,在番禺大岗镇十八罗汉山发现该断裂露头(图 4-35)。观察点处附近为丘陵地貌,相对高度一般为 50~80m,东西两侧山体东低西高,西侧山顶高 117m,东侧山顶高 115m,该点南东延伸方向山体出现"负地形"垭口,垭口两侧山体也是东低西高。地貌上断裂两侧发育负地形及高差是

图 4-33　北西向断裂下界面处的灰黑色断层泥（镜向南东）　　图 4-34　硅化岩中后期遭受张性破裂,形成岩块或角砾（镜向南）

该处地形的主要特点。从地貌形态上判别,断裂在地表形成明显负地形,沟壁方向为北西向,宽度约为 0.4～10m,靠近山头附近变宽。

构造全景　　　　　　　　　　　　　　　方解石岩脉

图 4-35　灵山镇罗汉山断裂全貌

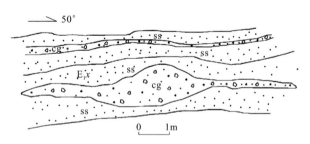

图 4-36　砂岩中砾石夹层横向变化示意图

该点岩性为灰紫红色厚层状砂岩、泥质粉砂岩等,其中少量夹杂厚层状砾岩。砾石大小一般为 0.4～10cm,含量均为 60%～65%,砾成分有砂岩、火山岩等,磨圆度不一。该夹层在横向上厚度有变化,该套组合属于莘庄村组（E_1x）（图 4-36）。

该点处构造以脉体充填方式显现（图 4-37）,走向北西 310°～330°,断裂带宽约 30m。带内发育多条方解石脉,其中两侧两条较宽,0.4～1m 左右,内部发育 1～20cm 不等的方解石脉多条,互相切割。

内部有宽数厘米至几十厘米的脉体,结晶程度较高,该脉体属于张裂隙充填,推断其为新构造活动所致。此外,在点南东的露头上,见有北西方向的细方解石脉体,靠近中部的脉体宽约 1～1.5cm。其切割砾岩中的砾石（图 4-37）。次生的脉体则未能切割砾石,呈现主断裂活动向两侧地层减弱的效应（图 4-38）。

图4-37 北西向脉体切割砾石（镜向240°）

图4-38 次生脉体绕过砾石（镜向210°）

以上分析表明,该北西向断裂具有如下特征。

(1) 地貌上,呈现明显的负地形,宽约50~70m不等,且两壁有断层滑面或擦痕证据,表面有硅化、褐铁矿化蚀变。在地貌上有连续延伸迹象。

(2) 在断层带内,有多次构造活动的迹象。从西向东,有数条方解石脉,且脉体宽度不一,两侧脉体都有不同程度的变形弯曲的表现。而中部脉体逐渐变细、变窄,结晶程度较两侧变差,判定其活动性从断裂带向两侧地层逐渐减弱的特点。

(3) 断裂带内除了北西方向方解石脉体外,还有北东向脉体,但其被北西向所切割。从脉体产状分析,该点北西向断裂总体倾向南西,倾角较陡。

(4) 在北西方向,发现有泉点出露,其位置恰巧在断裂带附近,判定其属于断裂所致。

2) 露头剖面特征

为了进一步研究该断裂的活动特性及内部脉体切割特征,野外测制1:500的构造剖面进行构造形迹控制。剖面总方位235°,剖面长118m。

根据剖面测制资料,经过室内综合分析,其主要可以分为以下几层(图4-39)。

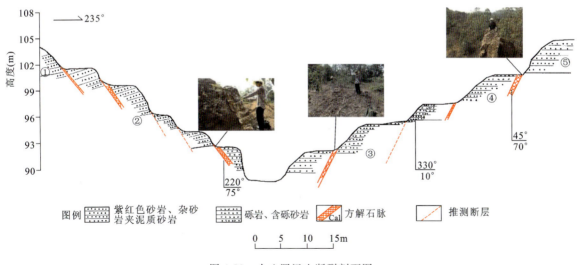

图4-39 十八罗汉山断裂剖面图

(1) 浅灰紫色中厚层状砂岩夹中层状含砾砂岩,其被北西向方解石脉体切割,脉体宽约为3cm,剖面向上延伸约40cm。

(2) 浅灰紫色厚层状砂岩与中层状含砾砂岩互层。砾石风化较强,砾径一般(12×12)~(10×7)cm不等,含量约30%~35%,呈泥质胶结。砾石成分主要为砂岩。其被北西向方解石脉体切割,脉体宽约

40~50cm；结晶粒度大，节理发育，在脉体内部，可见后期泥质充填物。脉体表面具有褐铁矿化，产状 220°∠75°。此外，在脉体中具有 80°方向延伸的片理面，造成方解石较为破碎。

（3）浅灰紫色厚层状砂岩，其被相间的 4 组北西向方解石脉体切割，脉体宽度不同，其结晶颗粒变小，脉体在横向延伸上出现分叉、尖灭等现象。

（4）浅灰紫色厚层状砂岩夹中层状含砾砂岩、砾岩等，其被相间的 3 组北西向方解石脉体切割，脉体宽度不同。其中较宽的脉体宽约 50cm，结晶程度变高，表面具有褐铁矿化蚀变，北西方向变粗加宽，向南东方向变窄，产状 45°∠70°。

（5）浅灰紫色厚层状砂岩，其被相间的 5 组北西向方解石脉体切割，脉体宽度不同，最宽可达 30~40cm，脉体产状倾向北东，其结晶程度较前变差。

由图 4-39 可知，十八罗汉山断裂中方解石脉体产状在剖面上有明显的变化，除了横向上的加粗或尖灭之外，空间上倾向也发生了变化。剖面起点，脉体基本倾向南西，倾角较陡；过了沟谷之后，脉体产状形态转为倾向北东。由此判别，该断裂具有类似地堑构造的特点。此外，剖面地形线形成多个台阶平台，而这平台是风化剥蚀所致、人工开挖形成或断裂活动后再经过人工开挖，一时很难通过剖面测制探究明白。值得肯定的是，该套地层中的方解石脉体产状明显相对，这表明该断裂不是一次活动的结果，而从剖面脉体结晶程度判别，中间的较大脉体结晶程度较好，而两侧逐渐变小、变细或尖灭，这也可以间接表征断裂具有多次活动的特征。若剖面揭示的断裂具有地堑构造特征，则每一次构造活动可能形成一级平台，以沟谷为中心，则可以辨别至少有 4~5 级平台，可能也反映了断裂活动至少不止一次。当然，这必须剔除掉人工开挖对地形地貌的改造。

根据断裂带内填充的方解石脉体切割关系及地貌因素综合判断，该处断裂经过了多期次活动。断裂早期活动表现为拉张性质，在断裂带内形成宽 1~100cm 不等的方解石脉体；据地貌和两盘砾石层及后期裂隙推断该断裂运动方式表现为上盘下降，下盘上升；西侧盘面的擦痕和阶步同时印证为正断层性质；从方解石脉的切割关系看，断裂同时具有左旋性质；东侧脉体内裂隙的切割也显示了该断裂活动的多期性。

6. 大岗横沥断裂（F014）

通过地面调查、遥感等手段，结合地貌判断，大岗横沥断裂北起番禺大夫山，向南没入横沥，走向 310°~320°，断裂总体倾向北东，产状 65°∠55°，该断裂向南东延伸，其产状可能发生偏转，在横沥南东尖灭。

番禺理工学院西山坡上可见典型露头。露头主要岩性为灰白色-紫红色复成分砾岩、砂砾岩、含砾中—粗粒砂岩、中—细粒砂岩、泥质粉砂岩、粉砂质泥岩等，局部含凝灰质，通过区域对比，该套组合属于百足山组（K_1b）。岩石风化后，表面呈现浅灰色、灰白色。该点地层总体呈北西-南东走向，产状 50°∠60°。点上可见北西走向断裂通过，断裂破碎带宽约 14~20m（图 4-40），破碎带内可见断层角砾岩、断层碎裂岩、断层泥及挤压透镜体等。断裂具有多次活动的特点，早期表现为压扭性，滑动面呈舒缓波状，紧靠滑动面可见厚约 34~40cm 的断层泥，呈黄褐色、灰白色；断层面上擦痕清晰，其倾伏角约 18°；此外，在断层面下盘，见有牵引构造，其锐角指示上盘向北东方向滑动，这同擦痕指示的结果相同。

在破碎带西侧，岩石呈现碎裂岩化特点，表面多具有褐铁矿化蚀变。从其内部节理分布判别，该断裂后期具有拉张特点，岩石破碎变形较早期程度减弱。岩石中解理裂隙较为发育，主要特征如下（图 4-41）。

①组，节理产状 320°∠40°，节理面平直，延伸 1~1.2m，密度 6 条/m²。

②组，节理产状 310°∠64°，节理间距 4~6cm，节理不甚发育。

③组，节理产状 175°∠35°，节理间距 4~10cm，其被②组节理切割（图 4-42）呈现左旋剪切特点。

④组，节理产状 105°∠65°，节理面较为平直，间距 14~20cm，其切割⑤组（图 4-43），呈现左旋剪切特点。

⑤组，节理产状 305°∠35°，改组节理较为密集，其多被④组切割。

图 4-40　断裂地貌形态（镜向东）

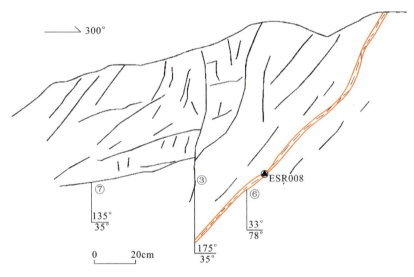

图 4-41　点西节理形态示意图（仅标注③⑥⑦组）

⑥组，节理产状 33°∠78°，该组节理面平直，节理宽度 4～10cm 不等，其中见有硅质充填物，呈灰黄色，从擦痕判别，其运动方向为左旋。

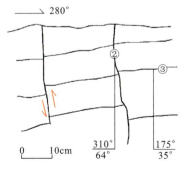

图 4-42　点西节理切割示意图

图 4-43　节理切割示意图（镜向 240°）

⑦组，节理产状 135°∠35°，被⑥切割，节理间距 4～10cm 不等。

⑧组，节理产状 295°∠73°，节理延伸较短，不甚发育。

⑨组，节理产状 60°∠55°，同⑧共轭，节理不甚发育。

⑩组,节理产状190°∠25°,节理间距14～20cm,裂隙宽度1～3cm,其中有硅质、褐铁矿化蚀变物质充填,其切割⑦⑧⑨三组节理。

上述节理特征表明,该点后期区域主要应力方向为北东-南西向张应力,内部剪应力(B轴)剪切方向呈北东—北北东。

从上述构造破碎带及节理裂隙等分析,该断裂具有多期活动特点,早期以压扭性为主,后期具有拉张滑移的特点。

五、小结

沙湾断裂带纵贯花都、南海、顺德、南沙、番禺、中山黄圃,沿洪奇沥水道入海。总体走向320°,倾向南西,倾角大约50°～80°。断裂主要发育于云开岩群、白垩系和花岗岩中。构造岩主要为碎裂岩、硅化岩和断层角砾岩,晚期发生硅化、褐铁矿化、黄铁矿化等蚀变。各分支断裂活动特征在活动时间、期次、方式及大小方面存在一定差异。

通过1∶50 000填图、物探、化探和钻探等手段,根据断裂不同段落的几何形态、运动学和动力学特征综合判断,白坭-陈村-万顷沙断裂(F007)、里水-沙湾-蕉门水道断裂(F008)为其主断面所在。

第三节 沙湾断裂隐伏部位探测

一、引言

沙湾断裂露头较少,大部分隐伏于第四系之下,必须依靠地质地貌、地球化学和地球物理探测的结合,才能做好断裂定位、断裂活动性判定工作。沙湾断裂隐伏区探测工作起步较晚,主要进展由广东地质局在广州市城市地质调查工作中取得,主要以浅层地震探测、氡气探测及钻孔探测等。现将其主要工作总结如下。

1. 浅层地震探测

针对沙湾断裂的出露情况,广东省地质调查院布置了多条浅层地震测线:新垦镇DZ01线、龙穴岛DZ02线、灵山镇DZ03线、鱼窝头DZ05线、沙湾水道DZ08线、石碁镇DZ09线,等等。

DZ01测线位于南沙区新垦镇,全线总长5.76km。本测线纵波反射波法解释断点3处,均为错断T_0波组。

DZ02测线位于南沙区龙穴岛,全长2.46km,本测线纵波反射波法解释断点2处,均为错断T_0波组。

ⅠZ03纵波测线位于灵山镇上横栏村,在DZ03-2地震剖面上分布2条北东倾向的断层Fp2-1和Fp2-2。推断Fp2-1应为沙湾断裂的主断裂,而Fp2-2为配套断裂蕉门水道断裂。

DZ05测线位于番禺鱼窝头,起点位于莲花水道西岸的沙公堡村,终点位于骝岗涌东岸的石牌村。DZ04-2地震剖面上分布1条北东倾向的断层Fp4-1和1条南西倾向的断层Fp4-2。

2. 氡气探测

佛山市地质调查局应用氡气探测在高村—林头—三洲一带,潭洲水道、顺德水道沿线做了相关断裂探测,探测结果显示如下。

罗村-洪奇沥断裂在高村—林头—三洲一带为土壤氡异常控制。在高村西北的潭洲水道南岸、西海西南的顺德水道北岸,土壤氡异常显示良好。

西海断裂基本平行于西海之西南的潭洲水道、顺德水道呈北西45°方向展布。在北江顺德水道北片有土壤氡异常控制。

三洪奇断裂在三洪奇南面顺德水道北岸显示土壤氡异常。

3. 钻孔探测

白坭-沙湾断裂沿线布置了较多钻孔,钻孔揭露断裂包括:白坭-大石断裂、北亭断裂、沥滘-坑头断裂、罗村-洪奇沥断裂、大乌岗断裂、沙湾断裂、大岗-横沥断裂、前锋-东沙断裂、三洪奇断裂、白坭山-较杯山断裂、平安围断裂、三民岛断裂、西利河断裂。部分断裂主要特征见表4-4。

表4-4 钻孔揭露白坭-沙湾断裂带特征表

断裂名称	孔号	构造岩埋深(m)	构造岩厚度(m)	断裂特征
北亭	PY11	18	32.1	构造角砾岩,18.00～20.20m为强风化,灰绿色,岩芯破碎,长石已风化成高岭土,手碾成土状。20.20～38.30m为中风化,黄绿色、肉红色、灰绿色,岩芯碎块状—短柱状,长石稍有风化,节理发育,20.2～26.5m产状近直立,26.4～38.3m,倾角60°～70°。原岩为花岗岩,糜棱岩化,花岗变晶结构,片麻构造。可见角砾包角砾现象,后期见方解石、绿泥石充填。38.30～39.50m为全风化,灰绿色,38.2～38.6m为糜棱岩,长石被挤碎,石英定向排列,倾角45°左右。38.6～39.5m为断层泥,且已半成岩。39.50～50.10m为微风化,肉红色—灰绿色,岩芯短柱状—长柱状,局部碎块状,节理发育,倾角60°～70°,节理面上见有擦痕
	PY05	11.9	37.7	蚀变碎裂花岗岩,灰白夹少量褐红色,25.90～49.60m为灰绿色,岩芯极为破碎,呈碎块状或短柱状,裂隙发育,且无规则,裂面见铁质渲染,岩石硅化、绿泥石化强烈
陈边	PY03	15.25	23.85	碎裂岩,原岩为粉砂质泥岩,岩芯极为破碎,裂隙发育,且无规则,裂面上绿泥石化强烈,见孔洞
沥洛-坑头	PY06	46	1.2	碎裂岩,原岩为泥质粉砂岩,灰色,岩芯极为破碎
前锋-东沙	NS148	28	13	28.00～33.40m为碎裂粉砂质泥岩,紫红色,岩芯破碎,见沉积层理,倾角30°～40°,裂面见方解石薄膜,29.40～29.50m裂面褐铁矿化强烈。33.40～34.00m发育碎裂岩,灰黑色,原岩为钙质泥岩,岩芯极为破碎,见有挤压片理。34.00～36.00m为碎裂粉砂质泥岩,紫红色,岩芯破碎,裂面见擦痕及方解石薄膜。38.00～41.00m发育泥质碎裂岩,紫红色,岩芯外观完整,但锤击或手搓易碎,裂面极为发育
白坭-大石	HDS92	31.5	8.7	碎裂岩,深灰色,岩芯极为破碎,岩质硬脆,硅化,局部裂面见少量星点状黄铁矿
	HDS62	9	19.9	碎裂岩,灰色、深灰色,由煌斑脉岩、石英碎块、砂砾、泥质等组成,岩芯被挤压破碎,多呈棱角状,局部见少量星点黄铁矿晶,19.10～19.40m严重漏水。下盘为灰岩,灰色、深灰色,主要矿物成分为钙质,隐晶质结构,中厚层状构造,裂隙较发育,裂面均被方解石细脉充填。岩芯较破碎,多呈碎块状,少量呈短柱状

在此基础上,为了综合探究沙湾断裂位置及活动性,我们在其主要分支重点部位上安排了6条综合物探测线,重点部位同时进行了化探和联合钻孔验证。

二、物探探测

按照不同的施工条件,我们分别进行了浅层地震、高密度电法等手段进行验证。本次探测共完成6条(段)测线,从北至南依次布置了西淋岗测线8、沙湾水道测线9、鱼窝头测线10(10-A、10-B、10-C)、罗汉山测线11,布设位置及坐标见图3-1及表4-5;其中鱼窝头测线10-B和罗汉山测线11用了高密度电法验证,其余测线勘测方法为浅层地震。地震反射时间剖面图和地质解释剖面解释如下。

表4-5 各测线起终点GPS结果一览表

测线名称	起/终点	经纬度/坐标	
		北纬	东经
测线8(F007)	起点	22°59.545′	113°12.323′
	终点	22°59.806′	113°12.271′
测线9(F007、F008)	起点	2534090	738808
	终点	2536173	744284
测线10-A(F007、F008、F009)	起点	2530200	743075
	终点	2528446	749314
测线10-B(F007、F008、F009)	起点	2530766	743350
	终点	2530200	743075
测线10-C(F007、F008、F009)	起点	2528446	749314
	终点	2530766	743350
测线11 测线10-A(F013)	起点	22°16.888′	113°15.141′
	终点	22°16.794′	113°15.048′

(一)西淋岗测线8

西淋岗测线位于佛山市顺德区陈村西淋岗(图3-1、图4-44),是为了验证白坭-陈村-万顷沙断裂F007在该处的展布及断裂与第四系的切割关系而设立。该测线走向南南东-北北西,测线长486m,线路地面大体平整。图4-45为其时间和深度剖面图。由图4-45中可以看出,测线2在浅部100ms以上反射能量较强,反射震相明显,反射同相轴清晰而且连续性较好。在100ms以下反射信号弱,且不连续。根据剖面上的地震波组特征,可以识别出2组在整条测段基本可以连续追踪的反射震相(T1和T2)。从整条剖面反射同相轴的形态来看,反射波同相轴有一定起伏,但基本呈水平展布,在测线318m附近,T2反射波同相轴有错断现象,因此认为在该测段存在断点(F1)。断裂为逆冲断层,倾向南南东,视倾角约为75°(图4-46)。

沿测线,第四系覆盖层的层速度取值为700~900m/s,风化壳(全、强风化岩)的层速度取值为1200~1500m/s。由此,反演计算结果表明,沿测线第四系覆盖层的底面埋深在3.0~15.0m;基岩(中、微风化岩)面埋深在20.0~27.0m。

(二)沙湾水道测线9

为了进一步验证沙湾断裂中段蕉门水道断裂(F008)隐伏区断裂的第四纪活动性及验证断裂是否

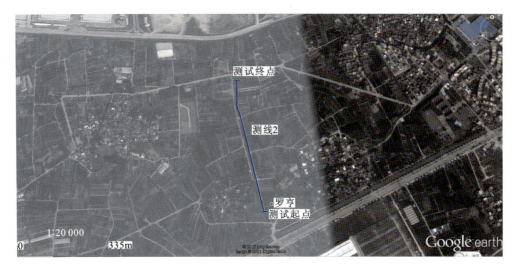

图 4-44　西淋岗测线 8 位置图

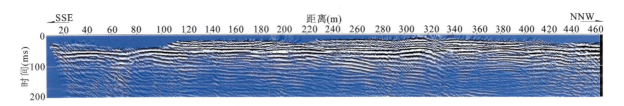

图 4-45　西淋岗测线浅层人工地震反射时间剖面图

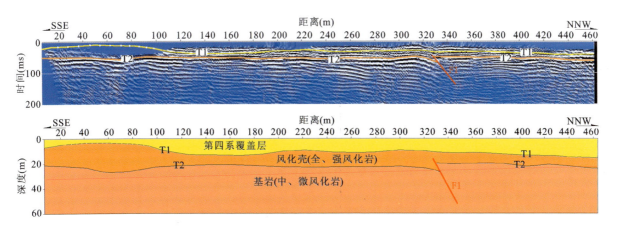

图 4-46　西淋岗测线 8 浅层人工地震地质解释图

通过蕉门水道及其与蕉门水道的形成关系，我们在沙湾水道与蕉门水道相交的地方安排了水域浅层地震探测工作。物探工作跨蕉门水道布置，总长 5km。工作布置见图 3-1、图 4-47。

1. 地震波组特征、层序划分和断点识别标志

（1）地震波组特征。各测线地震时间剖面图显示，一般存在 2 组有效反射波组。8～25ms 左右发育 T_0 波组，反射波组能量高，起伏不大，连续性好，为水底反映；基岩反射波组 T_g 连续性较好，信噪比高，振幅较强，具有一定起伏，发育在 20～40ms 范围内，在基岩岩性变化的部位，基岩波组反射特征出现差异；基岩内部未出现连续性较好的有效反射波组（图 4-48）。内部未出现连续性较好的有效反射波组。

（2）地震层序划分及其地层结构。本次浅层地震资料划出 2 个有效反射波组 T_0、T_g，相应层位可划分出 3 个物性层，根据区内地质资料分析，认为 T_0 波组以上为江水，T_0 和 T_g 波组之间为第四系砂质黏土、粉砂夹砂，T_g 波组以下为基岩，主要由白垩系泥岩、粉砂质泥岩互层或晚志留世花岗岩构成。各

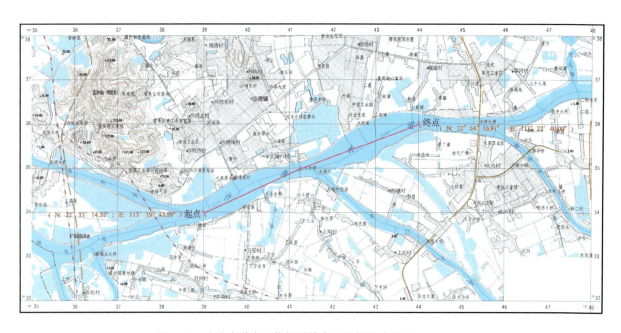

图 4-47　沙湾水道水上物探测线布置及解释成果图(1∶25 000)

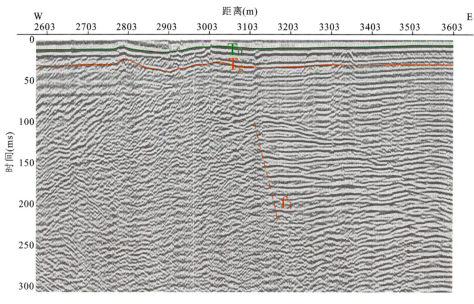

图 4-48　地震反射时间剖面图

地震层序与地层结构对应关系列于表 4-6。

表 4-6　地震层序-地层结构表

地层	地震反射波组	推断的主要岩性
		江水
Q	T_0	砂质黏土、粉砂夹砂
K/S	T_g	泥岩、粉砂质泥岩/花岗岩

(3) 断点在时间剖面上的识别标志。①反射波同相轴错断；②反射波同相轴发生分叉、合并、扭曲、强相位转换等现象；③反射波同相轴突然增减或消失，波组间隔突然变化；④反射波同相轴产状突变，反射零乱或出现空白带；⑤断面波、绕射波等特殊波发育；⑥基岩内部两侧地震反射波组的反射特征明显不同。

2. 工作成果及地质解释

本次所做 1 条测线为水域纵波反射法，测线剖面显示基岩埋深有一定变化，基岩内部未发现明显的有效反射界面。

覆盖层分布及基岩埋深。图 4-49 是本次地震勘探时间剖面及解释剖面图。由图 4-49 可见，存在 2 个有效反射波组（T_0、T_g）。T_0 波组为水底的有效反射波组，该波组全线均有分布，振幅强，连续性好，起伏平缓，所对应界面深度为 4～14m，最深处位于测线西端，向东逐渐变浅，最浅处位于测线 4150CDP 处；T_g 波组振幅较强，连续性好，有一定起伏，推测为第四系砂质黏土、粉砂夹砂（Q）与基岩白垩系泥岩或粉砂质泥岩分界面的有效反射波组，其埋深为 15～30m，厚 5～25m，整体上测线西部较薄，东部较厚。根据区域地质资料，该区基岩主要为白垩系紫红色、灰白色泥岩、粉砂质泥岩，呈互层产出，基岩面埋深 15～30m，呈不规则起伏。

本次浅层地震探测共发现 1 处可疑地质接触界面异常，推测也可能由断裂引起，该异常位于测线的 3100m 附近（图 4-49），地震时间剖面图显示，异常两侧基岩内部地震反射波组形态出现明显差异，西侧基岩内部反射信号比较杂乱，是晚志留世花岗岩典型反射特征，而东侧基岩内部反射信号明显呈层状，为白垩纪沉积地层反映，推测此处存在较大规模的地质接触分界面，此分界面既有可能由断裂引起，也有可能是层状沉积岩不整合于花岗岩之上的接触带反映。地震时间剖面图上 T_g 波组未出现明显错动，而基岩内部反射信号存在明显差异，该地质界面的视倾角 75°左右，似乎该地质界面的断裂特征更为明显。

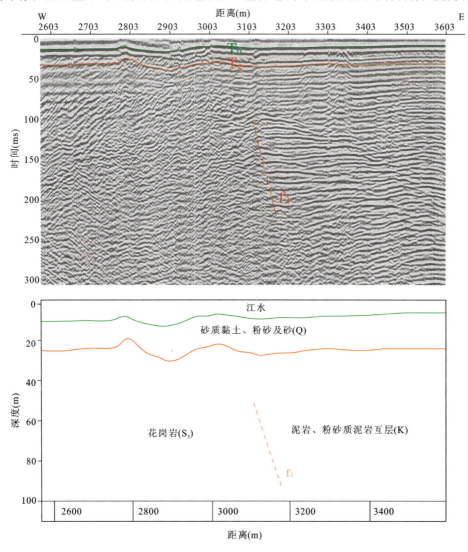

图 4-49 f_1 断点地震反射时间剖面及地质解释剖面图

(三) 番禺区鱼窝头测线 10

鱼窝头测线是为了验证隐伏区断裂经过位置而布设,布设见图 3-1 及图 4-50。

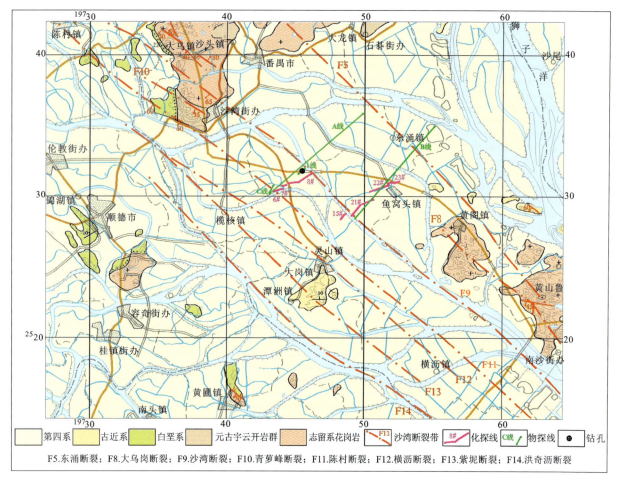

图 4-50　灵山镇大岗物化探和钻探联合验证工作布置图

1. 鱼窝头 A 线

A 线位于番禺区灵山镇子沙村附近(图 4-50),测线总体方位 50°,测线长 8.5km。由于整条测线长度较长,测线经过的河流、沟渠众多,所以 A 线采集数据时采取分段采集数据的措施,A 线可能穿过 2 条沙湾断裂、2 条次级断裂。

从 A 线的浅层地震反射剖面第一段起点坐标(2530750,743500)和终点坐标(2530200,743075)(图 4-51)上可以看到 2~4 组基岩中岩层界面的反射波、地震波形和幅度基本保持一致,地震波形同向轴一般比较连续,在测线 430~460m 的范围内,第三组、第四组反射波波形特征有明显变化,同向轴的到达时间延迟,推测测线的地震波同向轴有错动现象,推断测线的 450m 处可能存在断裂,断裂的倾向向测线的小号方向倾斜,在测线上断裂的中心点坐标为 $x=2530710$,$y=743425$,埋藏深度约为 20m。

A 线的第三段起点坐标为(2531451,745027),终点坐标为(2531637,745323),从地震反射剖面图(图 4-52)上可以看到 4 组岩层界面的反射波、地震波形和幅度基本保持一致,在距离起点 210m 的位置,有 3 组地震波形特征有明显变化,地震波同向轴有错动现象,推测在 A 线第三段距离起点 210~230m 的范围内可能存在断裂,断裂的倾向向测线的大号方向倾斜,埋深约 20m,中心点坐标为 $x=2531560$,$y=745200$。

A 线的第四段起点坐标为(2531716,745287),终点坐标为(2531838,745540),从地震反射剖面图(图 4-53)上可以看到距离该段剖面起点 70~140m 的范围内,每层的地震反射剖面同向轴都存在错动,

第四章 沙湾断裂带特征及其活动性

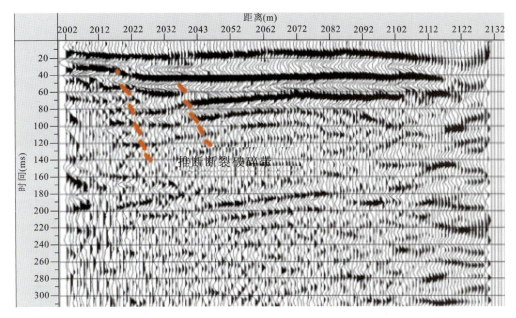

图 4-51 A 线(第一段)浅层地震反射剖面

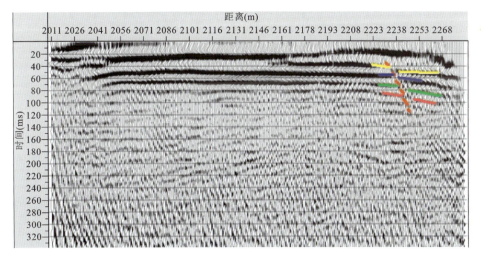

图 4-52 A 线(第三段)浅层地震反射剖面

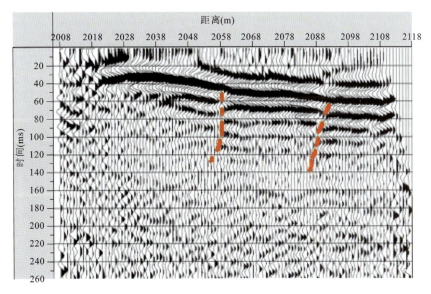

图 4-53 A 线(第四段)浅层地震反射剖面

倾向向测线起点方向倾斜,在该处也可能存在断裂。

A 线的第五段起点坐标为(2531849,745567),终点坐标为(2532000,745701),从地震反射剖面图(图 4-54)上可以看到,在距离起点 40~70m 的范围内,存在 2~4 组地震波同向轴有错动现象,在距离起点 50m 附近的位置,地震反射剖面变化很大,该处有可能是断裂的破碎带。推测在距离起点 50m 处为断裂存在的位置,倾向为向第五段大号方向,倾角在 60°左右,中心坐标为 $x=2531890,y=745600$。

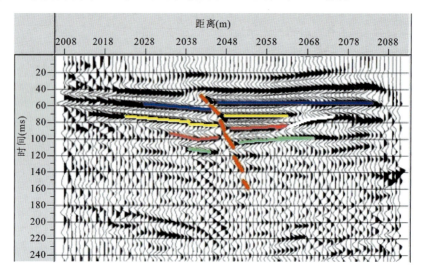

图 4-54　A 线(第五段)浅层地震反射剖面

2. 鱼窝头 B 线

B 线位于番禺区鱼窝头镇细沥村(图 4-50),测线总体方位 50°,全长 6.3km。由于整条测线长度过长,测线穿过城镇、河流、村庄过多,所以该条测线分段进行浅层地震勘探数据采集。B 线剖面第一段全长 0.8km,在该条剖面 340~380m 区间,地震波同向轴及波形与两侧有明显的差异(图 4-55),推断测线的 340~380m 区间可能为断裂的破碎带的范围。其中心点坐标为 $x=2528649,y=750076$,埋藏深度大约为 30m,向测线大号方向倾斜。

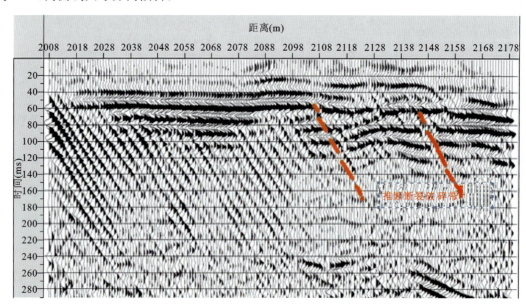

图 4-55　B 线(第一段)浅层地震反射剖面图

B 线第二段全长 1.8km,在该条剖面(图 4-56)830~850m 区间,可以看到两组地震反射波同向轴都存在错位,根据参考地质资料该处并没有断裂通过,推断此处可能为其他未发现的断裂。其中心点坐标

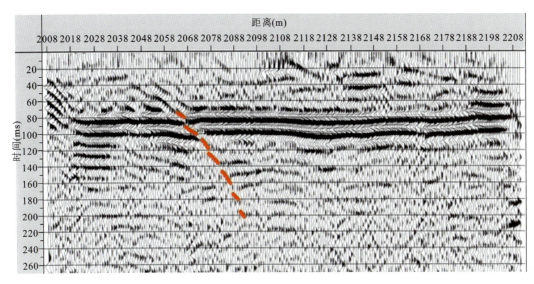

图 4-56 B 线(第二段)浅层地震反射剖面图

为 $x=2530980,y=751200$,埋藏深度大约为 40m,向测线大号方向倾斜。

TEM 电阻率反演同样证实 B 线断裂的存在(图 4-57)。

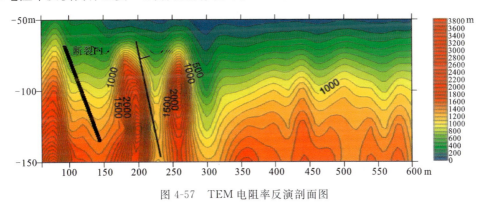

图 4-57 TEM 电阻率反演剖面图

3. 鱼窝头 C 线

C 线位于番禺区灵山镇子沙村,测线总体方位 210°,全长 600m。在该条剖面 440～520m 的范围内,地震波同向轴及波形与两侧有明显的差异(图 4-58),根据已知地质资料,该条测线可能穿过沙湾断裂经过的位置,推测该区间可能为断裂的破碎带,其中心点的坐标为 $x=2530630,y=743472$,倾向为向测线大号方向倾斜。

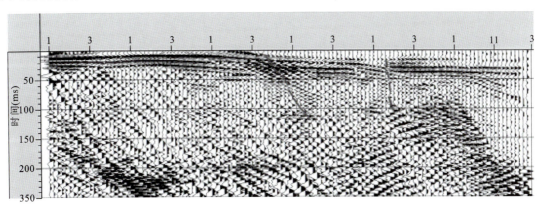

图 4-58 C 线浅层地震反射剖面图

鱼窝头测线进一步确立了里水-蕉门水道断裂 F008 及陈村-万顷沙断裂 F007 在隐伏区的展布情况及基本特征。

(四) 番禺区罗汉山测线 11

勘探线安排在十八罗汉山剖面山前隐伏区进行,高密度电法揭示在离地面高程以下 30m 左右的范围存在断层破碎带,第四系底部断裂两侧基岩面有 5m 左右的高差(图 4-59),断裂未延伸至第四系内部。

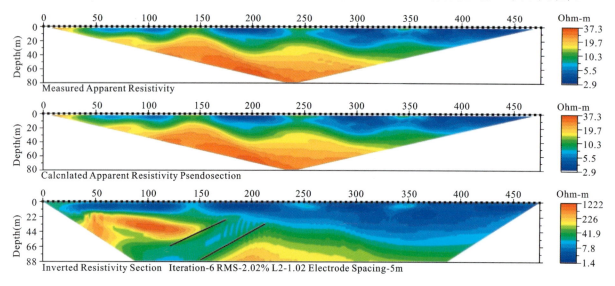

图 4-59　罗汉山山前隐伏区高密度电法显示断裂及性质

(五) 沙湾断裂物探小结

通过浅层地震等物探方法应用,一方面是进一步确定了隐伏区断裂经过的位置,帮助确立断裂的延伸长度和延伸方向,如沙湾水道测线 9 和番禺测线 10 进一步确立了里水-蕉门水道断裂 F008 及陈村-万顷沙断裂在隐伏区的展布情况及基本特征;另一方面,也验证了隐伏区断裂与第四系覆盖层的切割关系,如西淋岗测线 8 和罗汉山测线 11 揭露沙湾断裂隐伏区在该处并未错动第四系,该处断裂不能定义为活动断裂。

三、土壤氡气探测

地球化学探查是隐伏区活动断裂探测中采取的一项重要的手段,尤其是在隐伏断裂初步定位中起到了先锋作用。在地面调查和物探工作的基础上,我们对沙湾断裂带中段鱼窝头区域隐伏断裂上部氡 (Rn)气浓度进行测量,查明研究区土壤中氡气浓度水平,圈定土壤氡气浓度异常点带,初步分析、判定土壤氡气浓度异常产生的原因,研究其分布规律,达到对第四系覆盖区隐伏断裂的位置、方向的控制,并与物探方法进行对比,为下一步活动性强弱的对比研究工作提供依据。

(一) 土壤氡气浓度剖面测量

1. 测量仪器

土壤氡气测量仪器为 FD-3017RaA 测氡仪,该仪器为一种瞬时测氡仪,灵敏度为 0.17Bq/L。

2. 测量方法与技术

所有测线的布设遵循尽量垂直于断层走向的原则,并尽量选择历史较长的土路,避开垃圾填埋场地及潜水位埋藏较浅的地方；野外测量都是在天气晴朗、地表干燥的环境下进行的，以保证测量值的准确性。

先选取测试点，采用专用钢钎打孔，孔的直径为 20～40mm，深度为 600～800mm，然后将头部有气孔的取样器插入其中并密封地表。取样前，先抽取一些气体并排掉，用以排除取样器内、取样器与抽气筒连接的胶皮管内的外来气体，然后用抽气筒抽 1.5L 土壤气体，加 2min 高压进行氡的富集，之后进行 2min 的测量，读取脉冲计数。

3. 测线分布

研究区位于番禺以南、顺德以东区域，为第四纪冲积平原，河道广布，北西侧大乌岗、南东侧黄山鲁为志留系花岗岩所成山体。受沙湾断裂带的影响，研究区内断裂均为北西向断裂构造，所以土壤氡气浓度剖面测量线路均布置为北东向，且首尾相连以期控制沙湾断裂带中段三条断裂——陈村断裂、沙湾断裂、大乌岗断裂，共计测线 7 条，分别为 6 号、7 号、8 号、15 号、21 号、22 号、23 号，测点 1210 个，全长 8.03km，如图 4-50 所示。

4. 数据处理

在统计的点数不够多的情况下（少于 100 个），可采用算术平均法计算该剖面线路的土壤氡气浓度背景值和均方差；在统计的点数足够多的情况下（大于 100 个），通过做累积频率曲线图来确定土壤氡气浓度背景值。根据中国地震局活动断层探测标准（DB/T14—2009），各测项异常下限值宜为该项的均值与 1～4 倍均方差之和，超出此下限值时应判定为可能存在活动断层的地球化学异常。根据此次的实际工作情况，取异常下限值为均值与 2 倍均方差之和。数据处理结果如表 4-7。

表 4-7 测量剖面线土壤氡浓度的背景值和均方差

剖面线号	测点个数	背景值（kBq/m³）	均方差（kBq/m³）
NO.6	120	2.3	4.2
NO.7	50	10.2	8.5
NO.8	271	2.3	3.6
NO.15	110	2.7	3.7
NO.21	124	8.9	5.0
NO.22	210	5.9	4.7
NO.23	325	6.5	4.8

（二）测量结果讨论

最终，按照测量结果，特选定异常强烈及与隐伏断裂密切相关的 6 号、8 号、15 号、21 号及 22 号测线进行讨论。

6 号测线位于榄核镇以东子沙村（图 4-60），土壤氡气浓度背景值为 2.3kBq/m³，从 30m 处开始出现异常，到 90m 处逐渐消失，90m 之后呈点状分布，1# 异常带位于 30～90m，宽度为 60m，均值 8.4 kBq/m³，3.7 倍于背景值，2# 异常带中异常呈个别点状，均值为 5.0kBq/m³，2.2 倍于背景值，该剖面线最大土壤氡气浓度值位于 1# 异常带，为 31.2kBq/m³，是背景值的 13.6 倍。在测线中，西侧异常密集，根据氡气异常变化，1# 异常带中 4—15 号点处为推测陈村断

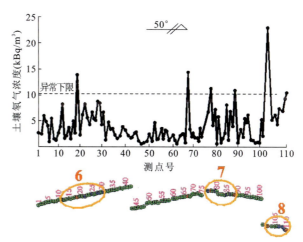

图 4-60 6 号测线土壤氡气浓度测量曲线及异常带图

裂 F008 隐伏区位置。

8 号测线土壤氡气浓度背景值为 2.3kBq/m³,从起点至 250m 处,出现异常带,但多呈点状分布,仅 100～160m 处集中出现,宽度约为 60m,4# 异常带均值 7.0kBq/m³,3.0 倍于背景值,另外从 480m 处至 1520m 密集分布,异常反映明显,宽度约为 1km,尤其是在 1500m 处出现峰值,为 34.2kBq/m³,是背景值的 14.9 倍,5# 异常带均值 5.0kBq/m³,2.2 倍于背景值(图 4-61)。此测线异常点带密集,可能集中反映沙湾断裂分支陈村断裂 F007 于该处通过且倾向南西的特点。

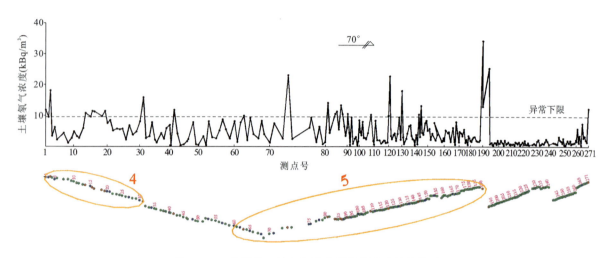

图 4-61　8 号测线土壤氡气浓度测量曲线及异常带图

如图 4-62 所示,15 号测线位于大岗镇灵山北,土壤氡气浓度背景值为 2.7kBq/m³,线路自 50m 出现异常,至 150m 异常消失,宽度约为 100m,在此 6# 异常带上均值 5.5kBq/m³,2.0 倍于背景值,仅个别点位超出异常下限;测线自 500m 至终点出现异常,宽度约为 50m,8# 异常带均值 9.1kBq/m³,3.4 倍于背景值,是因为该剖面线最大土壤氡气浓度值为 22.9kBq/m³,位于此测线;而在此测线中段 374～450m 出现异常,宽度为 75m,所在 7# 异常带均值 5.1kBq/m³,1.9 倍于背景值,15 号测线东侧即为沙湾断裂隐伏区域,与 8 号测线类似,位于江的西岸,虽长度小但异常点带密集,也反映出沙湾断裂 F008 上部氡(Rn)气分布的特点。

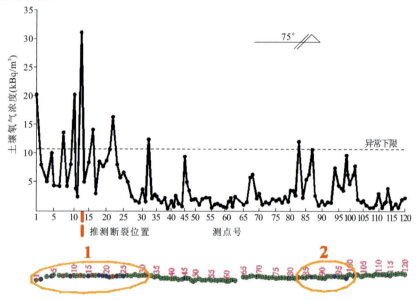

图 4-62　15 号测线土壤氡气浓度测量曲线及异常带图

21 号测线位于东涌镇鱼窝头北西侧(图 4-63),土壤氡气浓度背景值为 6.5kBq/m³,西侧即为推测沙湾断裂通过区域,从起点到 650m 处,出现异常带,其中尤以 240～330m 最为集中,带宽约为 90m,此

13#异常带位于测线西侧,为推测沙湾断裂隐伏区域,均值为 14.4kBq/m³,2.2 倍于背景值;14#异常带均值 7.4kBq/m³,1.1 倍于背景值,8#异常带均值 10.9kBq/m³,1.7 倍于背景值。该剖面线最大土壤氡气浓度值为 66.1kBq/m³,是背景值的 10.2 倍。在 21 号测线中,60 号点位以西的异常点密集,以东较长距离低于异常,最东部到达高速公路才出现较小范围的异常带,反映出人为干扰的特点,根据氡气异常变化的趋势,13#异常带中 35—50 号点处为推测青萝帐断裂 F009 位置。

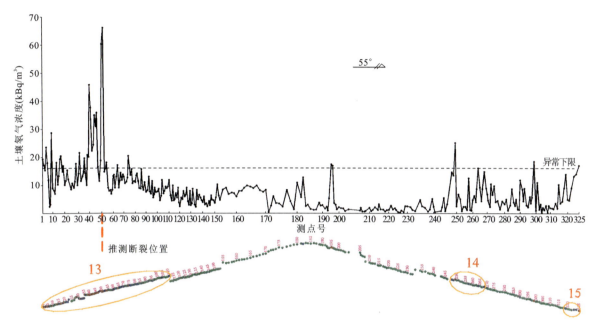

图 4-63　21 号测线土壤氡气浓度测量曲线及异常带图

22 号测线位于东涌镇鱼窝头北侧(图 4-64),土壤氡气浓度背景值为 5.9kBq/m³,测线西侧异常是以点状分布为主,在 70m、180m、385m、540m、570m 处出现点状异常,10#异常带均值为 12.1kBq/m³,11#异常带均值为 9.9kBq/m³,相对偏低;从 770m 处出现异常,至 1270m 处异常消失,带宽约 500m,最大土壤氡气浓度值为 52.5kBq/m³,此 12#异常带均值为 13.0kBq/m³,2.2 倍于背景值。22 号测线东侧即为大石断裂 F010 隐伏区域,且异常点带密集,尤其是东侧 110—180 号点处,为推测断裂位置。

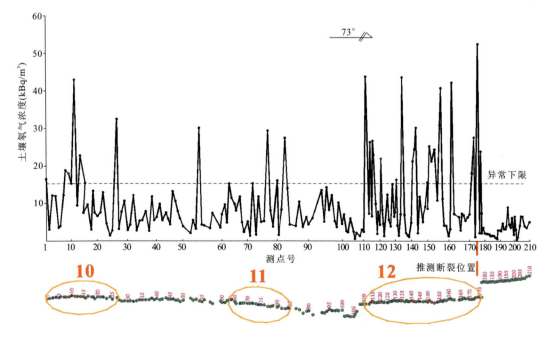

图 4-64　22 号测线土壤氡气浓度测量曲线及异常带图

从上述土壤氡气浓度测量研究表明,各测线均有氡气异常显示,该种方法可以作为珠江三角洲隐伏区确定隐伏断裂的方法之一。

图4-65为各测线与推测断裂相对位置关系,根据本次对沙湾断裂带中段土壤氡气浓度测量成果,断裂经过地区土壤氡气浓度一般介于4~30kBq/m³区间,高于广州地区土壤氡气浓度背景值(8 kBq/m³),6号测线的西侧为陈村断裂通过区域;21号测线的西侧为蕉门水道断裂通过区域,且其峰值为66.1kBq/m³,是背景值的10.2倍,22号测线东侧为大乌岗断裂的通过区域,该剖面线最大土壤氡气浓度值为52.5kBq/m³,是背景值的8.9倍,反映出断裂部分呈几何分布;推测断裂通过位置,有待进一步进行验证,并对其倾向、倾角进行判断。

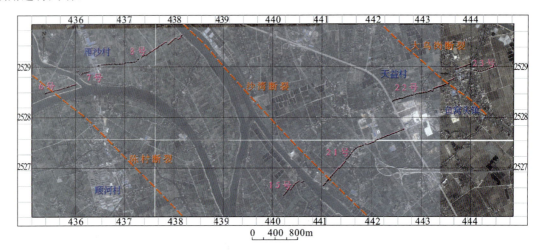

图4-65 土壤氡气浓度测线与推测断裂相对位置图

断层气峰值的高低,除受断裂活动的控制外,还受到第四纪岩层厚度、地层结构、湿度等多种因素的影响,因此对于断裂的活动性研究,尚需进行定点重复观测,或结合其他探测手段综合分析。

四、联合钻孔验证

1. 西淋岗联合钻孔验证

西淋岗联合钻孔验证位置见图4-44,根据物探解译结果,设计施工7个孔,长度控制150m,钻探深度总进尺280m。联合钻孔剖面见图4-66。现以ZK13说明钻孔揭露第四系出露情况。

西淋岗ZK13:第四系堆积厚度较大,从底到顶,可以分为6个岩性层位(图4-67)。

(6) 0~1.55m,黄褐色素填土层,0~0.55m为黏土夹碎石层,碎石呈棱角状,直径0.2~5cm;0.55~1.55m为耕植土层,主要成分为黏土,约占70%,另含有粉砂、块石及白色贝壳碎片,可见植物根系,底部与下层呈突变接触。

(5) 1.54~4.05m,黑褐色粉砂质淤泥层,粉砂约占40%,淤泥约占60%,局部可见白色贝壳碎片,顶部含量较少,随深度含量增加,底部与下层呈突变接触。

(4) 4.04~5.20m,灰褐色淤泥质粉砂层,内部夹杂大量的生物碎片,含量约占50%,直径2~5mm,底部与下层呈突变接触。该层底^{14}C年龄为7320±40a BP。

(3) 5.20~11.65m,黄色花斑黏土层,呈硬塑状,5.2~9.9m黏土含量约占70%,另含有30%粉砂;9.9~11.45m粉砂—细砂含量约占60%,黏粒约占40%,该段变为灰白色;11.45~11.65m为棕黄色黏土层,黏粒含量约占70%,底部与下层呈突变接触。

(2) 11.64~27.15m,灰褐色粉砂质黏土,呈软塑状,黏粒含量约占80%,粉砂含量约占20%,底部与下层呈突变接触。其中11.65~14.0m呈灰褐色,14.0~15.0m呈黄褐色,15.0~16.0m呈灰褐色,16.0~25.0m呈黄褐色,25.0~27.15m呈灰褐色。底部与下层呈突变接触,该层底

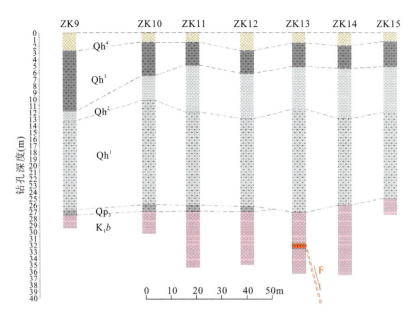

图 4-66　西淋岗联合钻孔剖面图

部^{14}C 年龄为 7570±40a BP。

(1) 27.15～50.3m，基岩层，为白垩系白鹤洞组(K_1b)，岩芯主要为泥岩、砂岩、含砾砂岩、砂砾岩互层，岩芯呈碎块状、饼状、柱状及短柱状，最大柱长约 1.1m。27.15～29.5m 为紫红色泥岩强风化产物，已成土，局部呈碎块状；29.5～30.0m 为含砾砂岩，岩柱长 40cm；30.0～31.7m 为泥岩、含砾砂岩，呈碎块状及短柱状，最大柱长约 25cm；31.7～33.0m 以泥岩为主，岩芯呈碎块状、碎块呈棱角状，直径 2～8cm；33.0～36.9m 以含砾砂岩为主，最大柱长 1.1m；36.9～37.8m 为砂砾岩，呈块状，碎块呈棱角状，直径 5～10cm；37.8～38.2m 为砂岩，呈碎块状及短柱状；38.2～44.0m 为含砾砂岩(除 42.0～42.3m 内为泥岩)；44.0～50.3m 为砂岩，其中 45.0～45.6m 呈饼状及短柱状，50.0～50.3m 呈短柱状，其余皆呈柱状，最大柱长 85cm。

钻探揭露第四系稳定，厚 26m 左右，其中花斑黏土产状稳定分布均匀。花斑黏土黄褐色、棕黄色、灰白色，呈可塑状-软塑状。层内含粉砂—细砂，具有花斑状构造，层内含有铁锰质结核。本层层厚 1.0～7.0m，其中在 ZK9 处厚 1.0m，ZK10 处厚 2.7m，ZK11—ZK15 厚度较均匀，约为 7m。

钻探揭露 ZK13 存在 1.3m 厚的碎裂岩带，破碎带两侧皆为中—弱风化的白垩系白鹤洞组(K_1b)泥岩、砂岩、含砾砂岩及砂砾岩，破碎带岩性主要为碎裂岩、角砾岩等，岩芯为碎块状及碎裂状，可判别其原岩为泥岩。带内可见褐铁矿化现象，具有典型构造特征，且该钻孔揭露的破碎带与物探解译的断点位置吻合。断裂带上部围岩普遍较破碎，呈短柱状及碎块状，而其下部围岩较完整，最大柱长达 1m，由此推断该断层下盘上升，上盘下降，为一正断层。由于在相邻钻孔 ZK12 和 ZK14 未能揭露具有相似特征的破碎带，推断该断层倾角较陡，与物探解译结果断点视倾角 75°较吻合。

西淋岗联合钻孔验证了物探解译成果的准确性，也验证了断裂与第四系的切割关系，证明该处断裂没有切割晚更新世地层。

2. 沙湾水道联合钻孔验证

根据物探解译结果，设计施工 12 个孔，长度控制在 350m，钻探深度总进尺 580m。工作安排见图 4-68。

回次情况

回次号	起始孔深 (m)	终止孔深 (m)	进尺 (m)	岩芯长度 (m)	采取率 (%)
1	0.00	0.50	0.50	0.45	90.00
2	0.50	1.00	0.50	0.40	80.00
3	1.00	1.50	0.50	0.50	100.00
4	1.50	2.00	0.50	0.45	90.00
5	2.00	4.00	2.00	1.90	95.00
6	4.00	6.00	2.00	1.90	95.00
7	6.00	8.00	2.00	1.95	97.50
8	8.00	10.00	2.00	1.90	95.00
9	10.00	12.00	2.00	1.90	95.00
10	12.00	14.00	2.00	1.90	95.00
11	14.00	16.00	2.00	1.95	97.50
12	16.00	18.00	2.00	1.90	95.00
13	18.00	20.00	2.00	2.00	100.00
14	20.00	22.00	2.00	1.95	97.50
15	22.00	24.00	2.00	1.90	95.00
16	24.00	26.00	2.00	2.00	100.00
17	26.00	27.50	1.50	1.50	100.00
18	27.50	29.50	2.00	1.95	97.50
19	29.50	31.00	1.50	1.50	100.00
20	31.00	32.00	1.00	0.90	90.00
21	32.00	33.50	1.50	1.45	96.67
22	33.50	34.70	1.20	1.20	100.00
23	34.70	35.30	0.60	0.60	100.00
24	35.30	37.10	1.80	1.80	100.00
25	37.10	39.10	2.00	1.95	97.50
26	39.10	40.30	1.20	1.15	95.83
27	40.30	41.40	1.10	1.10	100.00
28	41.40	43.30	1.90	1.90	100.00
29	43.30	45.30	2.00	2.00	100.00
30	45.30	47.30	2.00	2.00	100.00
31	47.30	49.30	2.00	2.00	100.00
32	49.30	50.30	1.00	0.95	95.00

分层情况

层号	层底埋深 (m)	层厚 (m)	岩矿芯长 (m)	采取率 (%)	地质描述
1	1.55	1.55	1.40	90.00	黄褐色素填土层，0~0.55m为黏土夹碎石层，碎石呈棱角状，直径0.2~5cm；0.55~1.55m为耕植土层，主要成分为黏土，约占70%，另含有粉砂、块石及白色贝壳碎片，可见植物根系，底部与下层呈突变接触
2	2.05	0.50	0.45	90.00	黑褐色粉砂质淤泥层，粉砂约占40%，淤泥约占60%，局部可见白色贝壳碎片，顶部含量较少，随深度含量增加，底部与下层呈突变接触
3	5.20	3.15	3.00	95.08	灰褐色淤泥质粉砂层，内部夹杂大量的白色贝壳碎片，含量约占50%，直径2~5mm，底部与下层呈突变接触
4	11.65	6.45	6.18	95.81	黄色花斑黏土层，呈硬塑状，5.2~9.9m黏土含量约占70%，另含有30%粉砂；9.9~11.45m粉砂—细砂含量约占60%，黏粒约占40%，该段变为灰白色；11.45~11.65m为棕黄色黏土层，黏粒含量约占70%，底部与下层呈突变接触
5	27.15	15.50	15.08	97.29	灰褐色粉砂质黏土，呈软塑状，黏粒含量约占80%，粉砂含量约占20%，底部与下层呈突变接触。其中11.65~14.0m呈灰褐色，14.0~15.0m呈黄褐色，15.0~16.0m呈灰褐色，16.0~25.0m呈黄褐色，25.0~27.15m呈灰褐色。底部与下层呈突变接触
6	60.30	23.15	22.80	98.49	基岩层，为白垩系(K_1b),岩芯主要为泥岩、砂岩、含砾砂岩、砂砾岩互层，岩芯呈碎块状、饼状、柱状及短柱状，最大柱长约1.1m。27.15~29.5m为紫红色泥岩强风化产物，已成土，局部呈碎块状；29.5~30.0m为含砾砂岩，岩柱长40cm；30.0~31.7m为泥岩、含砾砂岩，呈碎块状及短柱状，最大柱长约25cm；31.7~33.0m以泥岩为主，岩芯呈碎块状、碎块呈棱角状，直径2~8cm；33.0~36.9m以含砾砂岩为主，最大柱长1.1m；36.9~37.8m为砂砾岩，呈块状，碎块呈棱角状，直径5~10cm；37.8~38.2m为砂岩，呈碎块状及短柱状；38.2~44.0m为含砾砂岩(除42.0~42.3m内为泥岩)；44.0~50.3m为砂岩，其中45.0~45.6m呈饼状及短柱状，50.0~50.3m呈短柱状，其余皆呈柱状，最大柱长85cm

刻度　柱状图　1：100

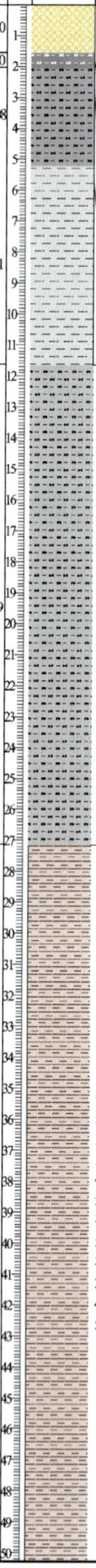

钻孔照片

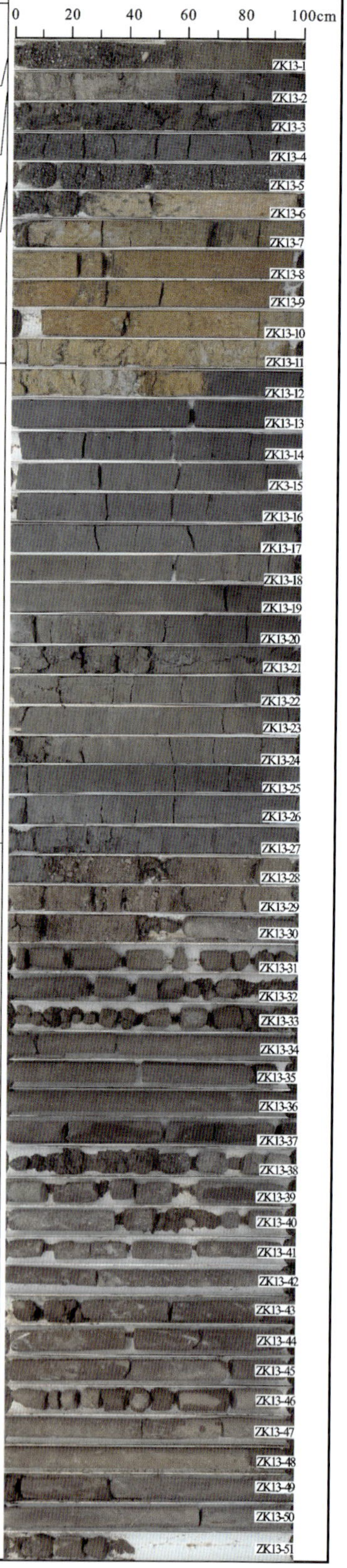

图 4-67　ZK13 岩芯柱状图

图 4-68　沙湾水道钻孔布置图

钻孔深度 40m 左右，以揭穿基岩风化层为准。第四系沉积物类型较为多样，堆积厚度相对较大，以沙湾水道 ZK5、ZK6 为例，从底到顶，可以分为 11 个岩性层位（图 4-69、图 4-70）。

(11) 0～1.3m，粉红色—棕黄色杂填土层，主要成分为黏土、粉砂—细砂夹杂砖块及块石。底部与下层呈渐变接触。

(10) 1.2～6.3m，黑褐色粉砂质淤泥层，呈软塑状，淤泥质含量随深度下降，顶部约占 80%，底部约占 50%，粉砂含量随深度增加，顶部约占 20%，底部约占 50%。6.20m 处可见牡蛎残骸，直径达 10cm。底部与下层呈渐变接触。

(9) 6.2～8.7m，黑褐色淤泥质细砂—中砂层，淤泥质含量顶部约占 30%，随深度下降，底部约占 10%。层内含白色贝壳碎片，直径 1～3mm。底部与下层呈突变接触。

(8) 8.5～12.3m，棕黄色细砂—中砂层，层内含少量白色贝壳碎片，直径 1～5mm。底部与下层呈突变接触。

(7) 12.2～13.0m，黑褐色淤泥质细砂—中砂层，淤泥质含量约占 20%，底部与下层呈突变接触。

(6) 13.0～14.8m，黑褐色—灰白色粉砂质黏土，呈可塑状，其中 13.00～13.90m 可见炭屑及成层的腐木，在 13.50～13.90m 内尤为集中，底部与下层呈渐变接触。该层 13.74～13.85m ^{14}C 年龄为 12 100±60a BP。

(5) 14.4～17.15m，灰白色黏质细砂—中砂层，黏质含量顶部约占 40%，随深度下降至底部约占 10%。底部与下层呈突变接触。

(4) 17.14～17.35m，黄白色粉质黏土，呈硬塑状，黏粒含量占 90% 以上，断面上可见紫红色花斑。底部与下层呈突变接触。

(3) 17.34～17.55m，黑褐色细砂—中砂层，底部与下层呈突变接触。该层 17.40～17.50m ^{14}C 年龄为 33 820±290a BP。

(2) 17.54～20.0m，泥岩全风化层，皆已成土。其中 17.55～18.00m 为紫红色泥岩全风化物；18.00～20.00m 为灰白色泥岩全风化物。底部与下层呈突变接触。

(1) 20.0～33.2m，紫红色中—弱风化状泥岩，呈饼状、柱状及短柱状，最大柱长约 40cm，底部与下层呈突变接触。该套组合属于白垩系白鹤洞组（K_1b）。

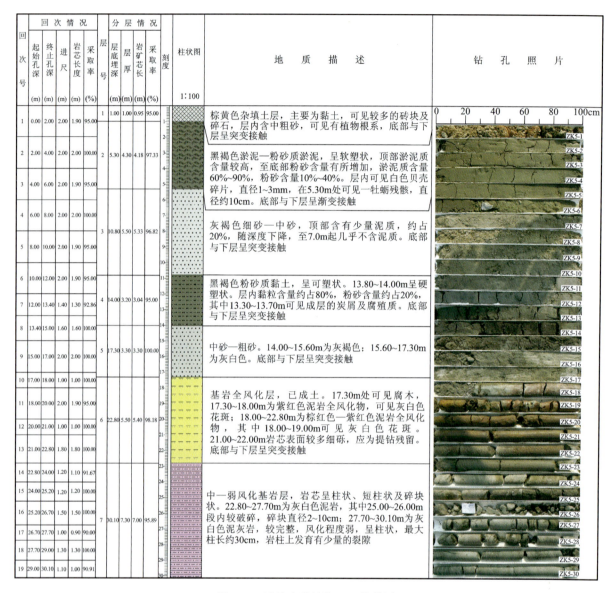

图 4-69 沙湾水道钻孔 ZK5 柱状图

底部层位为基岩，钻孔揭露的岩性为花岗岩，通过区域对比，其可能为志留纪花岗岩。岩石蚀变较强，多具有绿泥石化、绿帘石化、硅化等蚀变，其中有一定的裂隙发育。

钻探揭露 ZK5 在 25.0～26.0m 处存在 1m 厚碎裂岩带（图 4-69），ZK6 在 33.2～34.0m 处存在 0.8m 厚碎裂岩带（图 4-70），碎裂岩带内为碎裂岩、角砾岩，弱硅化状，岩芯呈碎块状及碎裂状，可辨别其原岩为泥岩，可见有褐铁矿化现象与铁锰质薄膜，可见少量角砾状原岩残留，具有典型构造破碎带特征。此两个钻孔破碎带两侧皆为强—中风化的白垩系白鹤洞组（K_1b）泥岩、砂岩、含砾砂岩及砂砾岩，并且围岩普遍较破碎，呈短柱状及碎块状，围岩内部构造裂隙发育。ZK5 和 ZK6 破碎带具有相似特征，并且破碎带下部皆为青灰色泥灰岩，通过对比地层，结合基岩露头特征和物探资料，推测该处存在断层 F1，下盘上升，上盘下降，为一正断层。

钻探揭露 ZK9 在 31.2～32.0m 存在 0.8m 厚碎裂岩带（图 4-71），碎裂岩带内为碎裂岩、角砾岩，弱硅化状，岩芯呈碎块状及碎裂状，可辨别其原岩为泥岩，可见有褐铁矿化现象与铁锰质薄膜，可见少量角砾状原岩残留，具有典型构造破碎带特征。且 ZK9 破碎带两侧皆为强—中风化的白垩系白鹤洞组（K_1b）泥岩、砂岩、含砾砂岩及砂砾岩，并且围岩普遍较破碎，呈短柱状及碎块状，围岩内部构造裂隙发育。推测该处存在断层 F2，由于在相邻钻孔 ZK8 和 ZK11 未能揭露具有相似特征的破碎带，但在 ZK11 处，强—中风化层底部标高比 F9 有显著抬升，故判断该处断层 F2 下盘上升，亦为一正断层。

第四章 沙湾断裂带特征及其活动性

回次情况					分层情况				刻度	柱状图	地质描述	钻孔照片
回次号	起始孔深	终止孔深	进尺	岩芯长度	采取率	层号	层底埋深	层厚	岩矿芯长	采取率			
	(m)	(m)	(m)	(m)	(%)		(m)	(m)	(m)	(%)	1:100		

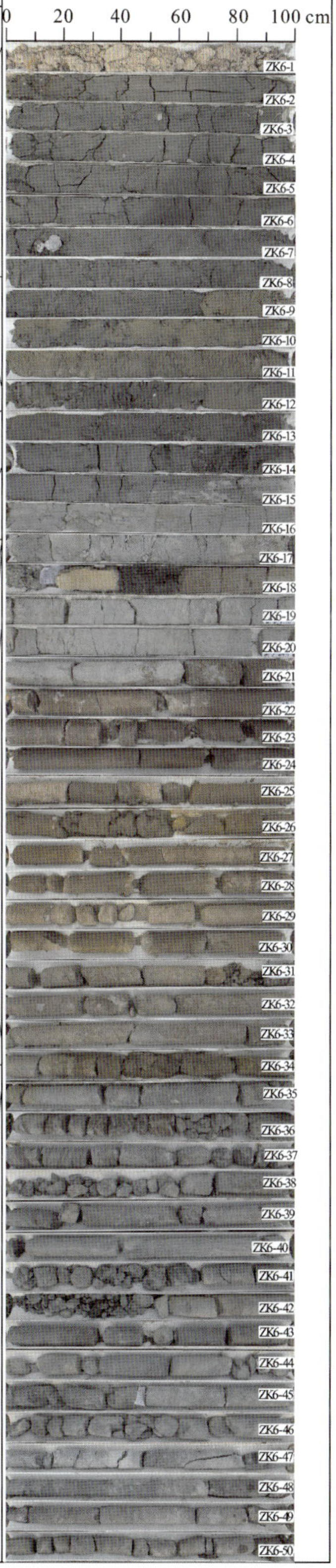

图 4-70　沙湾水道钻孔 ZK6 柱状图

回次情况					分层情况				刻度	柱状图 1:100	地质描述	钻孔照片
回次号	起始孔深(m)	终止孔深(m)	进尺(m)	岩芯长度(m)	采取率(%)	层号	层底埋深(m)	层厚(m)	岩矿芯长(m)	采取率(%)			

回次号	起始孔深	终止孔深	进尺	岩芯长度	采取率	层号	层底埋深	层厚	岩矿芯长	采取率
1	0.00	1.00	1.00	0.90	90.00	1	1.15	1.15	1.05	91.30
2	1.00	3.00	2.00	2.00	100.00	2	5.40	4.25	4.15	97.65
3	3.00	5.00	2.00	1.90	95.00					
4	5.00	7.00	2.00	2.00	100.00	3	11.85	6.45	6.25	96.90
5	7.00	9.00	2.00	1.90	95.00					
6	9.00	11.00	2.00	1.90	95.00					
7	11.00	13.00	2.00	2.00	100.00	4	14.50	2.65	2.55	96.23
8	13.00	14.00	1.00	0.90	90.00					
9	14.00	16.00	2.00	2.00	100.00	5	14.90	0.40	0.40	100.00
10	16.00	17.00	1.00	1.00	100.00	6	20.00	5.10	5.10	100.00
11	17.00	18.50	1.50	1.50	100.00					
12	18.50	20.00	1.50	1.50	100.00					
13	20.00	21.00	1.00	1.00	100.00	7	50.00	30.00	28.90	96.33
14	21.00	22.70	1.70	1.70	100.00					
15	22.70	24.70	2.00	2.00	100.00					
16	24.70	26.60	1.90	1.80	94.74					
17	26.60	28.30	1.70	1.60	94.12					
18	28.30	30.00	1.70	1.60	94.12					
19	30.00	32.00	2.00	2.00	100.00					
20	32.00	33.90	1.90	1.80	94.74					
21	33.90	34.90	1.00	0.90	90.00					
22	34.90	36.00	1.10	1.00	90.91					
23	36.00	37.50	1.50	1.50	100.00					
24	37.50	38.80	1.30	1.20	92.31					
25	38.80	40.00	1.20	1.10	91.67					
26	40.00	41.80	1.80	1.80	100.00					
27	41.80	42.80	1.00	0.90	90.00					
28	42.80	44.00	1.20	1.20	100.00					
29	44.00	45.00	1.00	1.00	100.00					
30	45.00	47.00	2.00	2.00	100.00					
31	47.00	47.80	0.80	0.80	100.00					
32	47.80	48.80	1.00	0.90	90.00					
33	48.80	50.00	1.20	1.10	91.67					

地质描述：

棕黄色杂填土层，主要成分为黏土、中粗砂，夹杂有大量的砖块及块石，底部黏粒含量较高，与下层呈渐变接触

黑褐色粉砂质淤泥，呈软塑状，淤泥质含量约占70%，粉砂含量约30%，层内可见白色贝壳碎片，直径0.2~2cm。底部与下层呈突变接触

灰白色细砂—中砂，顶部5.40~6.00m泥质含量较高，约占40%，泥质含量随深度下降，层内可见白色贝壳碎片，主要集中在5.40~6.20m，直径2~5mm。底部与下层呈突变接触

黑褐色淤泥质粉砂质黏土，呈可塑状。黏粒含量约占70%，在14.40~14.50m可见植物碎屑与腐殖质。底部与下层呈突变接触

灰白色泥质细砂—中砂、砂质含量约占80%，底部与下层呈突变接触

基岩全风化层，其中14.90~17.70m为泥岩全风化物，已成土。断面上可见棕黄色花斑；17.70~18.00m为中粗砂，为砂岩全风化形成；18.00~20.00m为泥岩全风化物，已成土，底部与下层呈突变接触

中一弱风化基岩，岩性主要为泥岩、泥质粉砂岩及砂岩。20.00~24.00m岩芯较完整，呈柱状及短柱状，最大柱长约40cm，其中23.00~24.00m岩芯被一组裂隙所截断，断面上可见铁锰质氧化薄膜；24.00~28.60m岩芯主要呈长短柱状及碎块状，24.00~24.70m尤其破碎，以碎裂岩为主，短柱最大柱长20cm，碎块直径3~8cm，可见铁锰质薄膜；28.60~31.20m岩芯较完整，多呈柱状及短柱状，断面上可见铁锰质薄膜；31.20~34.60m较破碎，岩芯多呈碎块状及饼状，在31.20~32.00m内尤其破碎，直径1~5cm，其中31.20~33.50m为泥岩，33.50~34.60m变为砂岩，断面上可见氧化薄膜；34.60~41.90m岩芯多呈柱状及短柱状，最大柱长约40cm；41.90~43.00m呈饼状及短柱状及碎块状；43.00~46.00m多呈柱状及短柱状，其中45.30m一岩柱上可见有云母及绿泥石浸染现象，具有油脂光泽，46.00~47.10m较破碎，以碎裂岩为主，直径1~5cm；47.10~50.00m主要呈柱状及短柱状，最大柱长约30cm，断面上可见铁锰质薄膜

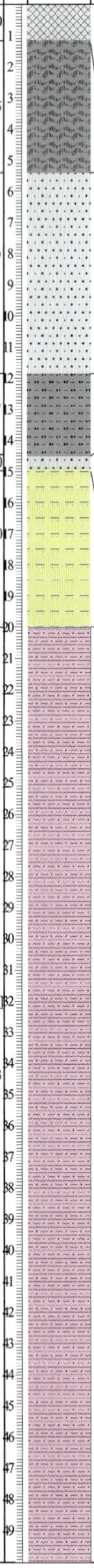

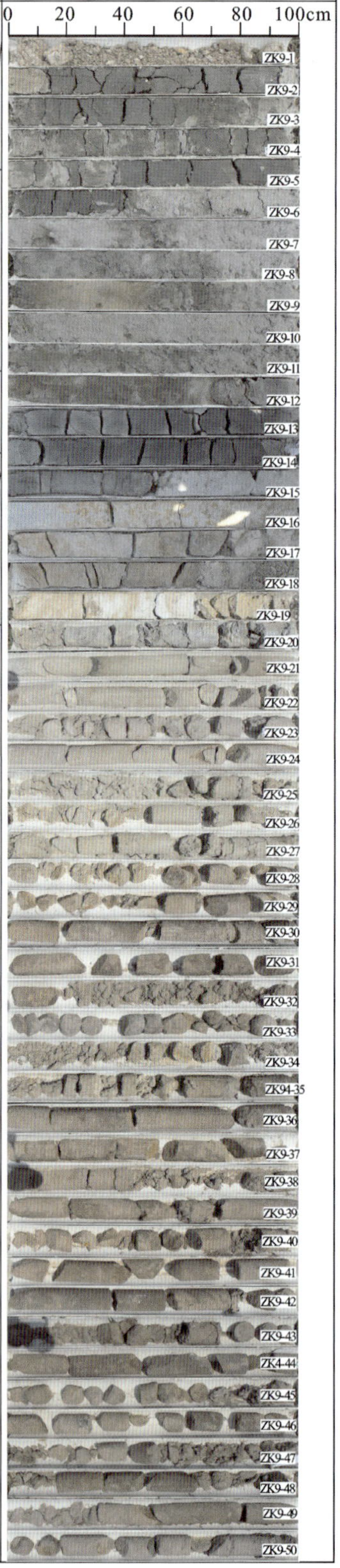

图4-71 沙湾水道钻孔ZK9柱状图

钻探揭露该处存在基岩断裂F1及F2，断裂两侧第四系整体连续性好，两侧地层亦无等时性错动现象。即本次钻探没有揭露到第四系断裂，由此我们得到联合钻孔剖面图(图4-72)。

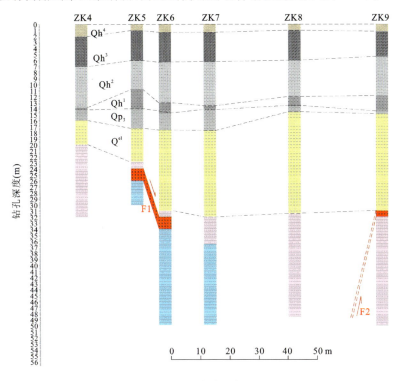

图4-72 沙湾水道联合钻孔图

沙湾水道联合钻孔验证了物探解译成果的准确性，也验证了断裂与第四系的切割关系，证明该处断裂没有切割晚更新世地层。

3. 鱼窝头测线

为了进一步验证沙湾断裂中段隐伏区断裂的第四纪活动性，按照断裂几何分布特征及物探解译结果，我们在蕉门水道大岗附近安排了物化探和钻探联合验证工作。工作安排见图4-50。

物化探结果证明该处基底断裂存在，为了进一步验证其第四纪活动性，按照物化探解译结果我们布置了钻探，设计4个钻孔，控制长度100m，钻探深度193m。联合钻孔剖面如图4-73所示。

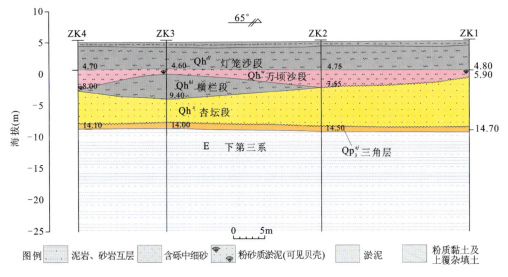

图4-73 灵山镇大岗隐伏区联合钻孔验证

钻孔揭露的基岩顶面及全新世桂州组杏坛段顶面相对平直,没有较大起伏,即第四系内未见断裂活动迹象,横栏段间断出露,为全新世海退时期差异性侵蚀造成,与断裂活动不存在必然联系。ZK1揭露在31.1m处揭露疑似断层,断层面平直,有淋滤现象,断层带宽度极小,根据物化探结果,推测ZK1揭露断层为沙湾断裂的次级断裂。根据附近地表断层特征,断裂宽度均较小,与钻孔揭露特征基本吻合。

第四节 沙湾断裂带运动学特征

沙湾断裂带主要分支断裂的野外露头运动学特征见表4-8。

表4-8 沙湾断裂带主要分支断裂的露头特征

断裂代号	破碎带宽度(m)	构造岩特性	活动期次	活动时间	活动方式	倾向
F007	2~5	构造角砾岩、碎裂岩	3		正断-平移逆断-平移正断	SW
F008	>10	构造角砾岩、碎裂岩	3		正断-平移逆断-平移正断	SW
F009	10	硅化岩、挤压片岩	2	晚期活动于古近纪之后	挤压-拉张	SW
F010	>10	构造角砾岩、挤压片岩	1	古近纪和第四纪之间	正断	NE
F011	1~4	硅化岩、绿帘石化碎裂岩、构造角砾岩、挤压片岩、断层泥	3	50万年	逆冲-右旋剪切-正断	NE-SW
F012	11.6	碎斑岩、碎裂岩	3	50万年	张性-压性-正断	NE
F013	>10	构造角砾岩、碎裂岩	3	50万年	正断-平移逆断-平移正断	SW
F014	2~5	构造角砾岩、碎裂岩、断层泥等	1~2	50万~100万年	挤压逆断-拉张正断	SW

现以西淋岗露头为例进一步阐述。石洲-青萝嶂断裂(F007)于两淋岗有出露。断裂下盘红层的拖曳指示断裂早期的活动方式为逆冲断层(图4-8),该次活动应发生于白鹤洞组沉积之后和其下的晚白垩世花岗岩形成之前,证据是本期活动产生的构造岩及其上的白鹤洞组砾岩一同被硅化。

断裂的逆冲作用之后,又发生过近于水平的右旋扭动或低角度斜冲活动,本期活动产生的断面平直,破碎带宽约1.5m,构造岩有强烈的绿帘石化现象(图4-9),断面上可见十分清晰的右旋水平擦痕和阶步。

断裂的最新一次活动表现为重力断层。上盘斜落擦痕明显,断面上有厚达2~10cm的灰黑色断层泥(图4-11)。

在西淋岗上发育有其他规模较小的北西向断裂,这些断裂同样显示出曾经历过多期活动的特征,如图4-74中的北西向断裂,断裂下盘发育的石英斑岩脉明显沿着断面呈Z字型的追踪张断裂充填。其后岩脉上界面的锯齿状棱角被压扁或圆化,上方尚未形成挤压透镜体;第三次活动沿着断裂上界面发生上盘下落,花岗岩中的张性分支构造与主断面呈锐角相交。

综合分析,从南至北断裂的活动分期可以配套。综合南部黄山鲁露头、中部的罗汉山和西淋岗等典型露头以及北部的陈边村等露头,沙湾断裂带晚中生代以来至少经历过四次较强烈的活动:第一期的活动表现为张性或张扭性,此期活动产生的构造岩大都受到强烈的硅化或其他类型的热液蚀变;第二期活动发生于古近纪红层沉积之后,为低角度逆冲运动,普遍发育构造角砾岩及碎裂岩;第三期为扭性或压扭性,形成了较为密集的构造片岩及构造透镜体;第四期活动表现为高角度正断层,以断块重力调整为

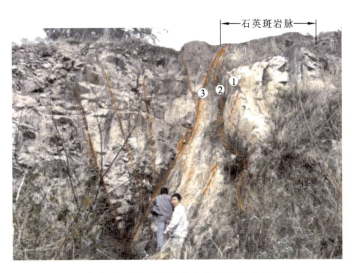

图 4-74　西淋岗北西向三次活动产生的破碎带和断裂面特征
（镜向南东，其内的数字标示的红色线条代表不同期次活动的断裂面）

主，活动时间为距今约 50 万年。断裂带内各分支断裂在大的活动期次内因所处的应力环境不同，以及应力场在同一期次活动中又存在不断的调整，所以各断裂的活动特点存在差异，并非完全一致。

第五节　沙湾断裂第四纪活动性分析

关于沙湾断裂带活动性，前人研究结论存在分歧。宋方敏等(2003)对沙湾断裂的两盘 4 个可对比钻孔的相对高度及测年计算得出，晚更新世以来，两盘相对位移速率为 0.34～0.39mm/a，判定其为弱活动性构造；李纯清等(1997)认为沙湾断裂目前是北西向断裂中最为活跃的一条断层，且这条断层与多次历史地震有关。陈伟光等(1991)根据氡气和汞气测量结果认为其活动性偏弱；张虎男等(1981)则认为，"北西向断裂活动的强度相差较大，在其影响带内的花岗斑岩，几乎没有应力作用的迹象。而沙湾断裂构造岩的分布不仅有一定的宽度，还可细分为若干不同的岩性-变形带"，所以可推断其经过了多期活动，活动性较强。刘尚仁等(2008)从河流阶地的研究入手认为珠江三角洲为非断块型三角洲，今后相当长时间本区新构造运动以间歇性差异下沉或稳定为主的趋势将继续下去；黄玉坤、陈国能等(1994—2010)则从断裂活化、断块差异升降的角度研究沙湾断裂对珠江三角洲形成发展的控制作用并认为其目前仍有一定活动性。

沙湾断裂是否为具有发生强烈地震活动潜在可能的活动断裂，关系到珠江三角洲地区城市安全和经济社会的可持续发展，关系到区域地震设防烈度和防震减灾战略体系的重建。为了科学评价沙湾断裂的活动性，我们在 1:5 万地质调查的基础上，进行了探槽开挖、年代测定、氡气测量、钻孔联合验证等工作。在此基础上，从第四纪地貌耦合性、地层学、断裂年代学、氡气含量、历史地震、断块调整活动性分析和断裂中段罗汉山构造解析实例等角度讨论了断裂的第四纪活动性。

一、断裂及其周边第四纪地质地貌特征

（一）断裂带及周边第四纪地貌特征

1. 断裂带与第四纪地貌的耦合性

晚中生代时期，广东大陆发生了大规模的伸展作用，形成大型的伸展构造体系。该体系总体平行海

岸线展布,由岩浆热隆、岩浆核杂岩、剥离断层及伸展裂陷盆地构成。古近纪及晚更新世—全新世继承性发生走滑伸展,沿着北东向深大断裂形成一系列的走滑-伸展盆地,这些盆地夹持于北东向断裂之间或沿着断裂一侧分布,盆地的形态多呈菱形、矩形或箕形,具有走滑及伸展的双重特征(黄玉昆等,1983),珠江三角洲盆地就是其中之一。

从图 4-75 可以看出,珠三角最明显的两个沉降中心及沙湾断裂带区域的第四纪等厚线都呈北西向展布,同时,出露地表的岩体长轴方向为北东及北西向,这反映了第四纪沉积受北西向断裂控制显著。

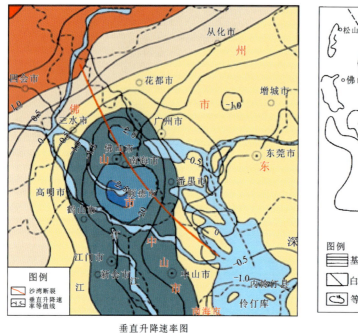

图 4-75 断裂与第四系的耦合性

沙湾断裂带也控制了该区域的水系发育。西海断裂(F013)基本平行于西海之西南的潭洲水道、顺德水道呈北西 45°方向展布,洪奇沥断裂(F012)沿洪奇沥水道展布,沙湾断裂(F008)沿蕉门水道展布,因河流能敏锐地觉察到基底断块运动引起的地面变化,并力图使河道的发展与其相适应,所以潭州水道、顺德水道、洪奇沥水道以及蕉门水道极有可能是受这些断裂的控制,形成了现在这样的地貌特征。同样,河流汊道发育也是基底断块活动的结果,而河道分道往往出现在沉降中心附近。本区域辫状河非常发育,可能也是区域断块调整的结果。

2. 阶地、台地或夷平面抬升

1) 河流阶地

调查过程中,沙湾断裂带周边发现了西淋岗、眉山、古东江河床等多个二级抬升阶地,分布高程 15m 左右,形成时代以 Qp_2 为主,少数可延至 Qp_3(图 4-76)。

以西淋岗二级阶地为例(图 4-76),剖面位于断裂北段佛山陈村镇,两侧 100m 范围内皆发现沙湾断裂 F008 基岩露头。该阶地在形成后(^{14}C 测年结果底部 40 000 年,为晚更新世西南镇组)有过抬升,现海拔 15m 左右。但该处剖面地层层面接触为平行不整合或整合接触,水平层理和斜层理保留完整;西南镇组顶部发育铁质薄膜。显示该区西南镇组和三角组之间有过长期暴漏,且环境稳定,三角组后一直处于抬升状态,遭受剥蚀,未再接受沉积。详细的观察描述,发现第四纪地貌体内部结构没有剧烈扰动的信息,显然没有受到强烈地震或其他新构造运动的影响。测年结果显示,沙湾断裂该段 40 000 年以来有过抬升,但并无突变式活动信息。

再如两万年前的古东江河床,不但被抬升到海拔 10m 以上,而且发生了超过 10°的倾斜。测年结果显示,该段断裂 40 000 年以来有过抬升,但并无突变式活动信息。沙湾断裂东侧眉山二级阶地也是

西淋岗二级阶地抬升地貌

古东江二级阶地抬升地貌

图 4-76　断裂带周边二级抬升阶地

如此。

2）夷平面

断裂带周围存在多级夷平面，如在番禺发育典型台地地貌，系长期遭受侵蚀夷平的基准面，后因地壳间歇性抬升，复经侵蚀切割而成。各级夷平面的高程和形成时代及基本特征见本书第二章第二节。

多级台地的存在，说明中更新世以来，三角洲内及外围山地的抬升，均为构造抬升作用的结果，而北西向断裂在造貌过程中饰演重要角色。但究竟是突变作用还是渐变作用需要进一步研究，本文认为应该是渐变式变化为主。

3）红层及花斑黏土

第三纪至第四纪初，全区处于风化剥蚀状态，形成红壤型风化壳。图 4-77 位于沙湾断裂中段沙湾镇附近沙湾断裂两侧，红层未见直接错动，但两面似有地貌反差。

图 4-77　沙湾断裂中段沙湾镇附近网纹红土发育

沙湾断裂中段大夫山露头北东 150m 左右为网纹红土，厚度较大，构造岩与网纹红土发育在同一高程（图 4-78）。

网纹红土的形成需要一定的气候条件和相当的时间，说明中更新世中期沙湾断裂两侧的差异运动减弱，处于相对稳定状态，但后期有过相对运动。

总之，珠三角第四纪地貌与北西向断裂有一定的相关性，但应该是渐变式变化为主。

图 4-78　沙湾断裂中段大夫山附近网纹红土发育

（二）第四纪地层验证

地层验证是断层活动性验证的直接手段。珠江三角洲尚未发现切割北西向第四纪地层的直接证据。在调查中我们在沙湾镇发现了3个疑似错动上覆第四系残坡积层的剖面，对此进行探槽开挖验证。三处探槽均未揭示错动第四纪地层。

1. 沙湾镇象骏中学剖面

图 4-79　象骏中学剖面图

该剖面位于断裂中段番禺区沙湾镇象骏中学附近，沙湾断裂主断面蕉门水道断裂 F008 从此经过。断面下部切割白垩系红层，向上疑似延伸至第四系覆盖层（图 4-79）。探槽开挖后（图 4-80），从物质成分看，从上至下可分为 7 层。①层为坡积层，厚 20~30cm 左右，主要成分碎石和粉土；②层主要成分为块石夹黏土，断面两侧厚度不均，上盘厚 60cm 左右，下盘厚 20cm 左右，碎石块径 1~5cm；③层主要成分为强风化碎石土，碎石块径 1~3cm，块石夹黏土，上盘厚 10cm 左右，下盘厚 20cm 左右；④层断面两侧厚度近似，厚 30cm 左右，主要成分为黄色粉质黏土含少量碎石；⑤层只出现在断面下盘，厚 40cm 左右，主要成分为紫红色粉土含少量泥质碎石；⑥层以下为弱至未风化的基岩；⑦层沿基岩断面发育断层楔，由断层角砾岩构成，向下灌入 0.5m 左右，主要成分与前述几层类似。从活动性看，断面两侧残积对应层部有 20~50cm 的落差，经分析排除断裂于残积层形成之后重新活动的可能性，主要依据：①断面未上延至上覆坡积物，坡积物未被错动，两侧成分结构均一；②两侧落差较小，不应是第四系多次活动的结果；③断面两侧对应层成分结构并不一致，不应是构造作用所致，而是断裂两盘差异风化的结果；④断面虽然可辨，但并未发现擦痕、镜面等断层活动的迹象；⑤基岩中形成的劈理在残积层不仅保存，而且贯穿上述各层，并未见断层后期扰动的迹象。

残积层的形成时代较难确定，我们从风化程度大体推断该处残积层形成于中更新世中期至晚更新早期。从以上分析可知，晚更新世以来，沙湾断裂在该处活动性很弱。

2. 沙湾镇龙湾剖面

该剖面位于断裂中段番禺区沙湾镇龙湾村，其分支蕉门水道断裂 F008 经过该处。断面下部切割白垩系的老断层，向上疑似延伸至上覆第四系（图 4-81、图 4-82）。探槽开挖后，从物质成分看，从上至

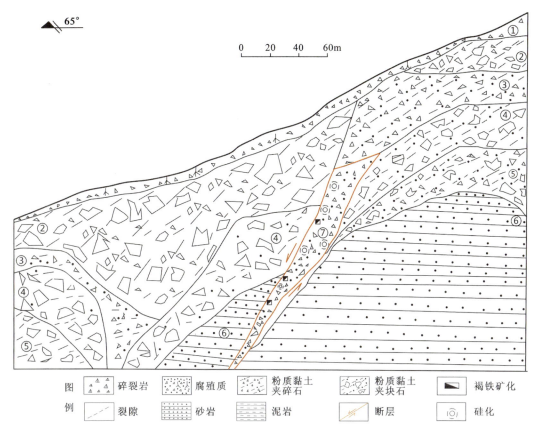

图 4-80 象骏中学剖面探槽素描图

下可分为 7 层。①、②层均为坡积层,①层顺断面展布,厚 20~30cm 左右,主要成分黄褐色碎石和粉土;②层为坡积层,位于坡顶,厚 30~40cm 左右,主要成分红褐色碎石和黏土含较多腐殖质土;③层为人工形成碎石土;④层为中风化层,成分为黄褐色砂岩和紫红色泥岩,原岩结构依然保留;⑥层以下为弱至未风化的基岩。

从活动性看,探槽开挖前认为切割了上覆残坡积层,探槽开挖后经分析,断裂于残积层形成之后重新活动,主要依据:①断面未上延至上覆坡积物,坡积物未被错动,两侧成分结构均一;②残积层上断面虽然可辨,但并未发现擦痕、镜面等断层活动的迹象,断面上也没有后生物质,两侧落差较小,不应是第四系多次活动的结果;③断面上盘坡积物发育不明显层理,且未被扰动,断裂两侧物质成分的差异是不同成因造成的,下盘为风化的结果,上盘为沿坡堆积形成的坡积物,不是构造错动的结果;④下盘基岩中形成的劈理在残积层不仅保存,而且延伸较好,并未见断层后期扰动的迹象,证明断裂活动于残积层形成之前。我们从风化程度大体推断该处残积层形成于中更新世中期至晚更新早期。从以上分析可知,晚更新世以来,沙湾断裂分支蕉门水道断裂 F008 在该处活动性很弱。

图 4-81 龙湾断裂剖面

3. 十八罗汉山剖面

沙湾断裂中段分支紫泥断裂 F013 经过该处。该剖面位于番禺区大岗镇罗汉山,构造带宽约 20m,内部发育 2 条宽约 50cm 的方解石脉,方解石脉延至上覆覆盖层。方解石脉上盘具有镜面擦痕,从擦痕

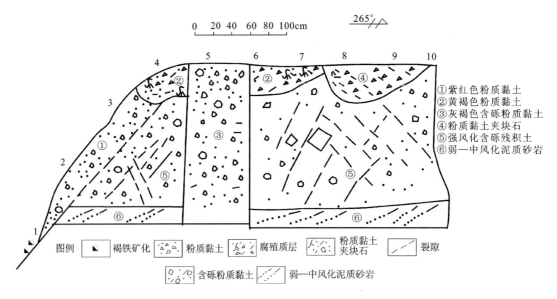

图 4-82 龙湾剖面及探槽素描图

和阶步判断断层性质为正断层,东部方解石脉东倾,产状 50°∠70°;西部方解石脉西倾,产状 240°∠70°。我们对方解石进行了 ESR 测年,测年结果为 10 万年左右,证明该区断裂晚更新世以来有过活动。

我们对断裂上部覆盖层进行了探槽开挖(图 4-83)。从物质成分看,从上至下可分为 7 层。①顶部腐殖质层,厚 30~40cm;②层为坡积层,主要成分为黄褐色碎石和粉土,内部含风化方解石碎片厚 80~100cm;③层为强风化保留原岩结构,未搬运,无外来物质层;④层以下为弱至未风化的基岩。

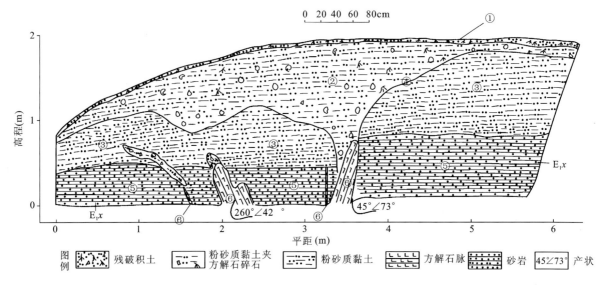

图 4-83 罗汉山剖面及探槽素描图

从活动性看,探槽开挖前认为切割了上覆残坡积层,探槽开挖后经分析,断裂于残积层形成之后重新活动,主要依据:①断面未上延至上覆坡积物,坡积物未被错动,两侧成分结构均一;②方解石形成的断面在冲积物中虽然可辨,但并未发现擦痕、镜面等断层活动的迹象,断面上也没有后生物质,两侧落差较小,不应是第四系多次活动的结果;③断面上盘坡积物发育不明显层理,且未被扰动,断裂两侧物质成分的差异是不同成因造成的,下盘为风化的结果,上盘为沿坡堆积形成的坡积物,不是构造错动的结果;④下盘残积层中不同时期形成的方解石脉保存延伸均较好,并未见断层后期扰动的迹象,证明断裂活动于残积层形成之前,断面两侧的落差是差异风化。

对残积土我们进行了 ESR 测年,测得最后活动时间为 150 万年左右。据此推断该处残积层形成于中更新世早期至早更新世。从以上分析可知,中更新世以来,沙湾断裂在该处活动性很弱。

二、第四纪活动性的年代学测定

为了对断裂各段的活动性有一个总体把握,我们对不同地段的断裂带内物质进行了采样测试。表4-9是项目组自测和收集到的断裂带内物质的测年成果部分资料。

表4-9 主要断裂测试年龄表

序号	地点	断层物质	年龄(ka)	测试方法	数据来源单位
1	西淋岗(F007)	断层泥	528	ESR	武汉地质调查中心
2	西淋岗(F007)	断层泥	706	ESR	武汉地质调查中心
3	番禺横江(F008)	断层泥	535.4	TL	武汉地质调查中心
4	沙湾水泥(F008)	构造岩	484	TL	佛山地质局
5	大岗采石(F013)	方解石	71.3	TL	中山大学
6	大岗采石(F013)	方解石	56.6	TL	中山大学
7	罗汉山(F013)	碎方解石	97	ESR	武汉地质调查中心
8	罗汉山(F013)	方解石	113	ESR	武汉地质调查中心
9	大涌采石(F013)	断层泥	115.38	TL	中山大学
10	黄山鲁(F008)	构造岩	174	TL	广东省地震局
11	黄山鲁(F008)	构造岩	102	TL	广东省地震局
12	黄山鲁(F008)	构造岩	283	TL	广东省地震局

表4-9显示,第四纪以来沙湾断裂带内各断裂都有过不同程度的活动,且活动时间不一,有的断裂可能发生过多期次的活动(F008)。数据显示,上述多个断裂测龄跨度在距今6万～50万年之间,并明显出现距今6万～11万年(6组)、17万～28万年(2组)、48万～53万年(3组)等6个活动时期。由此可见,断裂在中更新世中期至晚更新世中晚期曾发生过多次活动,该断裂可能有过两次较大的区域性活动(F008、F012以及F011、F014),时间分别为距今100万年左右以及50万年左右;晚更新世早期至中期,沙湾断裂的活动性渐弱,仅在南段大岗镇罗汉山附近可能有与热液喷发有关的断裂活动(6万～10万年);沙湾断裂中段最新一次活动时期在晚更新世中期距今6万～7万年;晚更新世末至全新世(6万年以来),沙湾断裂活动性更弱,基本没有在地表留下活动的地质地貌证据。

据陈国能等(2010)对灵山断裂旁侧方解石脉测年,未压碎的方解石脉的TL年龄为7.13±0.49万年和5.66±0.40万年,而破碎的方解石脉为5.09±0.33万年(图4-20),与我们的结论一致。

从年龄测试看,只有沙湾断裂南段罗汉山分支大敖断裂(F013)年龄在10万年左右,且测年方法包括热释光和ESR,测试单位地点也是多处,因此结果具有较大可靠性。从年龄测试看,应该把沙湾断裂定义为弱活动断裂。

三、跨断层土壤氡气测量

已有研究证明,对断层所通过的地段的土层取样检测所取得的断层气的含量,是探测和研究断裂活动的有效手段。断层气峰值的高低,除受断裂活动的控制外,还受到第四纪岩层厚度、地层结构、湿度等多种因素的影响,因此对于断裂的活动性研究,尚需进行定点重复观测,或结合其他探测手段综合分析。

为了对断裂的活动性进一步了解,我们从南向北布置了多条跨断裂的氡气测量剖面,结果见表4-10。

表 4-10　北西向断裂位置土壤氡异常值

断裂编号	断裂位置	氡异常值 (kBq/m³)	异常均值 (kBq/m³)	异常下限 (kBq/m³)	异常均值与异常下限比值	断裂活动强度
F007	碧江	18.4~38.8	24.2	18.4	1.3	弱
	桂江大桥	8.9~15.3	12.0	8.8	1.4	弱
	平胜	14.4~23.9	18.0	14.5	1.2	弱
	石洲南	16.1~29.4	21.6	16.0	1.4	弱
F008	都宁岗	16.6~33.9	24.7	8.8	2.8	中等
F013	西海	16.1~25.4	18.7	14.3	1.3	弱
	人生围	20.0~38.1	25.4	18.4	1.4	弱
F011	西海南	20.1~40.7	27.4	14.3	1.9	弱
F012	三洪奇	15.4~26.0	19.0	14.3	1.3	弱
F013	大岗	70.6~88.6	78.8	64.3	1.2	弱

按一般统计结果异常峰值小于地区异常下限值的10倍,但达2倍以上者,属于现代有一定活动的断层。上述特征同一断裂不同地段氡异常特征不同,或者说同一断裂不同地段的活动强度存在不同。上述断裂不同地段所测 Rn 最大峰值异常值与异常下限值之比为1.8左右,而土壤 Rn 均值异常值与异常下限值之比,除都宁冈外都小于2,说明沙湾断裂带目前整体活动性较弱,F007在该段稍强。

四、典型构造解析

我们在前面已有表述,隐伏区探测的结果,第四系特别是全新世以来,未发现沙湾断裂重新活动的证据,唯有罗汉山有新构造运动的证据。前面我们已就该剖面地质地貌特征进行了解析,本节将在前述调查和探测分析的基础上,对罗汉山和沙湾水道构造进行进一步的解析。

(一) 罗汉山断裂构造解析

1. 断裂几何学特征

该断裂位于番禺大岗镇十八罗汉山,点上岩性为灰紫红色厚层状砂岩、泥质粉砂岩等,其中少量夹杂厚层状砾岩(图4-84)。

本点控制的北西向断裂在地层中表现为呈北西方向延伸的数条方解石脉体,宽数厘米至几十厘米,结晶程度较高。该脉体属于张裂隙充填所致,推断其为新构造活动所致。此外,从脉体产状判别,其总体走向为北西-南东向,倾向具有北东、南西的特点,倾角一般在65°~70°之间。详细调查发现,其内部多见细微的张性裂隙脉体,其切割关系较为复杂。

从地貌形态上判别,断裂在地表形成明显负地形,沟壁方向为北西向,宽度约为0.3~10m不等,靠近山头附近变宽。

沿北西方向行进,在另一侧山谷底部靠近山坡处,发现有泉出露,该泉点恰好处于北西向断裂处,地方居民进行了初步处理,埋管储存后直接饮用。野外调查初测流量约为0.1m³/s。

具体几何特征描述见本章第二节。

2. 断裂剖面特征

具体断裂剖面特征见本章第二节。

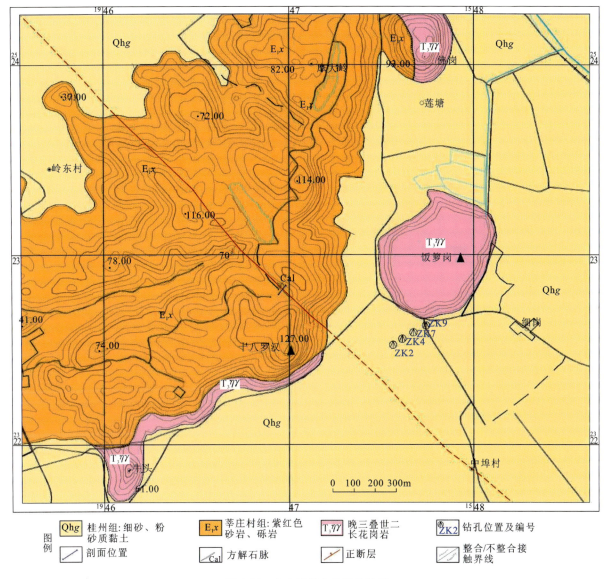

图 4-84 十八罗汉山地形地质图

3. 断裂的钻孔解释

为了详细研究该地区断裂的形迹及深部变化,项目组在十八罗汉山以东地区共布设钻孔9处,开孔方向为90°,钻孔 ZK1—ZK9 平面上呈60°方向延伸,其主要参数如下(图4-84,表4-11)。

表 4-11 十八罗汉山钻孔信息表

钻孔编号	x	y	孔深(m)	钻孔方向(°)	钻孔目的
ZK2	19747584	2522536	26.3	90	断裂验证孔
ZK3	19747610	2522558	60.4	90	断裂验证孔
ZK4	19747631	2522559	60	90	断裂验证孔
ZK5	19747652	2522567	52.8	90	断裂验证孔
ZK6	19747664	2522576	38.2	90	断裂验证孔
ZK7	19747681	2522584	29.3	90	断裂验证孔
ZK8	19747705	2522597	25.4	90	断裂验证孔
ZK9	19747734	2522608	17.4	90	断裂验证孔

通过钻孔编录发现,ZK1—ZK9 所揭示的第四系及基岩的特征有一定的可比性,其基本为第四系直接覆盖在二长花岗岩之上;通过区域对比,该二长花岗岩应该属于志留纪花岗岩($S\gamma$),花岗岩有一定的蚀变,裂隙较为发育。

通过 ZK2、ZK4、ZK7、ZK9 对比发现(图 4-85),钻孔所揭露的第四系及基岩基本可以分为 4 个岩性组合层位。

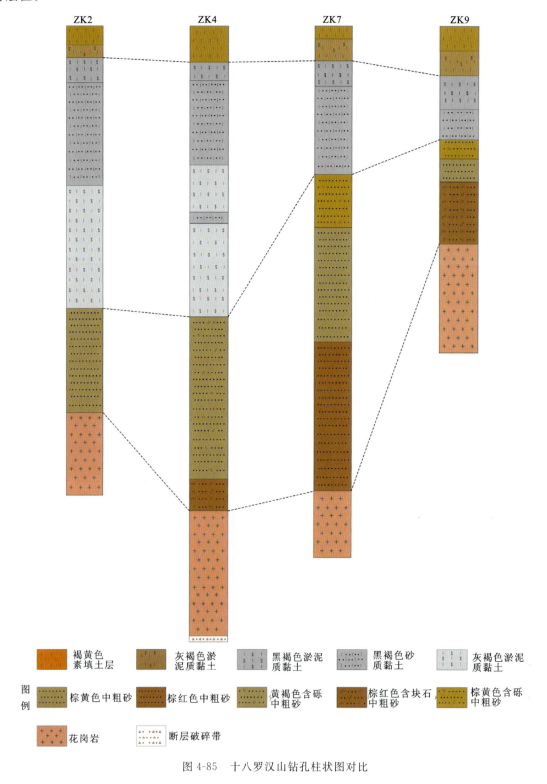

图 4-85　十八罗汉山钻孔柱状图对比

顶部为现代填土层,为褐黄色粉砂黏土层,其中内部可见夹杂植物根系,底部与下伏层位呈突变接触。该层从 ZK2 至 ZK9 揭露表明,厚度在 1～3 之间,其中 ZK3 处最厚,向东逐渐减薄。此外,该层下部多见有灰褐色淤泥黏土层,层厚不等。以上层位均属于陆相沉积组合(包括人工堆积相),化石稀少。

第二层位为深灰色、灰褐色、灰黑色淤泥层、淤泥粉砂层等,其中含有大量海相介壳化石,有机质含量极高。该层厚度最厚可达 1～16m 不等,其中 ZK2、ZK4 厚度较大,向北东方向,逐渐减薄。该层沉积相为海相潟湖或相对封闭海湾沉积。

第三层位为残积风化层,主要由含砾中粗砂,棕红色-棕黄色中粗砂、含块石、砾石粗中砂等组成。其颜色与第二层位差别较大,粒度较粗,属于风化产物。

底部层位为基岩,钻孔揭露的岩性为花岗岩,通过区域对比,其可能为志留纪花岗岩。岩石蚀变较强,多具有绿泥石化、绿帘石化、硅化等蚀变,其中有一定的裂隙发育。

受沉积地形影响,钻孔所揭示的岩性组合可能内部还有微小变化,这可以理解。但其基本具有上述的几个层位。海相沉积物厚度最厚处处于 ZK1—ZK4 位置,表明该处在全新世中后期一直处于拉张-裂陷环境,沉积厚度较北东的钻孔厚的缘故。

此外,在 ZK4 的 30.2m 处发现基岩有破碎带,该破碎带可能与地面调查的方解石脉体具有一定的成因联系,野外经采锆石样 ESR 测年,测年结果为 50 万～100 万年左右。

通过上述钻孔揭示的岩性对比分析认为:十八罗汉山的断裂在第四系中表现不甚明显。其后期的活动特征仅凭钻孔不能得到较好的解释。值得肯定的是,钻孔 ZK2、ZK4 所揭示的第四系海相沉积物厚度较大,向北东方向逐渐减薄,说明该区域确实存在局部地壳下陷的特点;而其分布位置与断裂带分布近一致。通过 ZK2 中 ^{14}C 测年表明(ZK1-3,7900±40a BP),在全新世大暖期,该区域处于海侵范围,沉积了大量介壳类碎屑,沉积物颜色较深,有机质含量较高,而这种拉张-沉陷环境一直持续到中全世后期(ZK1-2,3790±30a BP)。

4. 断裂的活动性分析

为了进一步研究十八罗汉山断裂活动性特征,野外采用的方法是通过精细测量剖面,对每一期方解石脉体均采样定年,通过年代学研究可以概略揭示该断裂的活动序次。年代学研究的测试方法是 U-Th 同位素,后通过多方送样联系,目前,国内无条件,无法完成该测试任务。

此外,对野外采集的方解石脉体进行初步处理,采用 ESR 测年。结合钻孔测年资料,共同分析该区域断裂活动性。具体测年资料如下(表 4-12)。

表 4-12 十八罗汉山断裂测年表

序号	样品编号	测年方法	材质	测年单位	年龄(ka BP)
1	D3095-01	ESR	方解石	地震动力学国家重点实验室	97±9.0
2	D3095-02	ESR	方解石	地震动力学国家重点实验室	113±11
3	ZK1-2	^{14}C	有机质黏土	BETA ANALYTIC INC	4.06
4	ZK1-3	^{14}C	有机质黏土	BETA ANALYTIC INC	7.84

据图 4-84 可知,十八罗汉山一带在晚三叠世之后,该区域基本处于剥蚀状态,未接受任何沉积,此状态一直持续到古新世初期,受太平洋板块及欧亚板块的双重作用,陆内裂谷不断发育,形成了古新世的河湖相红色碎屑沉积。此后在喜马拉雅运动第二幕时期(1806ka),第三纪红色盆地上升,开始接受第四纪沉积。此后,喜马拉雅运动第三幕(126ka)对该区岩石造成极大破坏,而表 4-12 所示的方解石,其形成时代基本与该时段吻合,反映了陆内裂谷持续发育阶段的特点。

进入全新世以来,区内裂谷继续接受沉积,其可以通过钻孔 ZK2 来解释。据该孔海相沉积物厚度、^{14}C 测年资料(表 4-12),顶部属于黄褐色淤泥层,相当于珠三角后期平原面(黄镇国等,1982);而底部残坡积层可能属于更新世产物,时代超过 8.0ka。以此原理建立深度-年龄模型(图 4-86):据此推算出 3 个岩性层位底部年龄分别为 2.046ka、4.063ka 及 7.851ka。

(1) 13.9~7.1m(7.851~4.063ka)：本段沉积主要为黑褐色砂质黏土，其中含有大量的海相介壳类化石。该时期气候相对温暖，处于全新世中期，对应大西洋期。整个珠江三角洲发生大面积海侵，反映该时期地壳整体处于下降趋势，而ZK2揭示的沉积厚度反映了该时期下降幅度较北东大，推测在钻孔西南部现今多为池塘地带，其下陷幅度较ZK2更大，主要是其位于断裂下降盘所致。根据该层位沉积厚度，概算地壳下降幅度为0.557mm/a。

(2) 7.1~1.4m(4.062~2.046ka)：本段沉积主要为深灰色、灰褐色含淤泥砂、粉砂等，其中富含介壳类生物碎屑。本段较前一层，沉积速率增加，碎屑物中砂含量增加，反应海侵作用加强，地壳抬升速率增加。根据沉积物厚度及年龄，概算该层沉积速率为0.35mm/a。野外观察发现，该段含水率较高，可能由于压实作用等影响，显示该段沉降速率较前段减慢的缘故。

(3) 1.4~0m(2.046~2.0ka)：该段在钻孔中出露较薄，厚约140cm，主要由灰褐色淤泥、粉砂质黏土等组成，其中可见大量海相生物碎屑。其颗粒较细，反映了最大海侵时沉积区物源相对稀少的特点。由于该层位顶部为陆相沉积，埋藏有唐代的遗物，^{14}C测年确定为距今约2000a。故此，该段沉积速率约为0.03mm/a。

综上所述，从中全新世开始，本区地壳上升速率有所减慢，呈现不均一上升的特点。此外，由图4-87反映，距今7000a以来，三条曲线的总趋势都是反映海平面持续上升，而中全新世后期的亚北方期的海面变化，呈现上升率变慢的相对停滞状态，与中全新世前期的大西洋期比较，说明本区在亚北方期海面上升相对停滞，中全新世以来的海面持续上升有过相对间歇。晚全新世以来，地壳虽有缓慢上升，但较前期已经大大减弱，图4-87所反映的曲线近似平缓，而图4-86所计算的沉降速率也极少，总体说明后期地壳垂直的升降幅度较小。这继而指示断裂的活动性也减弱。

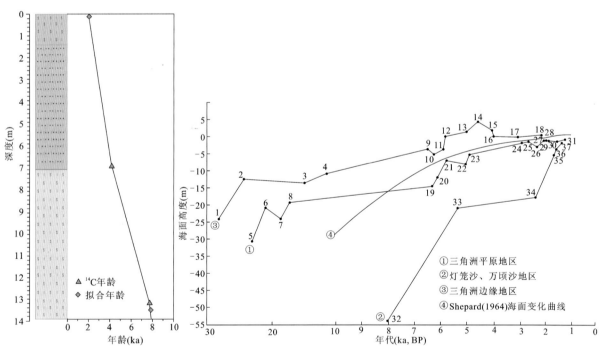

图4-86　年龄-深度模型　　　　图4-87　珠江三角洲古海平面变化曲线(黄镇国等，1982)

(二) 沙湾水道断裂构造解析

沙湾水道控制蕉门水道分支断裂F008。钻探揭露该处存在基岩断裂F1及F2，两者构成小型地垒。F1东侧沉积物厚度比西侧显著增厚，东侧12号孔最新沉积层厚度最大。由此可知蕉门水道形成与沙湾断裂却有一定的关系，且自晚更新世以来该处一直处于拉张状态(图4-88)。现在再具体分析一下钻孔6。

(1) 沙湾水道 ZK6 显示（③层），在风化残积层之上堆积厚约 20cm 的灰褐色细砂、中砂层，其^{14}C 年龄显示为 33 820±290a BP，时代为晚更新世，相当于深海氧同位素 MIS2-MIS2，显示气候从温热—温凉转变。该层显示，在末次冰期晚期阶段，研究区番禺以南区域开始发生沉陷，其对应为北西向活动断裂的进一步扩张，在北东向不均一拉张作用的影响下，该区域持续沉降，达到海侵范围，沉积了该套冲积-海积组合。对应区域地层，该层应该置于西南镇段（Qp^x）。

(2) 沙湾水道 ZK6 显示（④层），为黄白色粉质黏土、紫红色花斑状黏土等，其上第⑤层为灰白色中砂—细砂层，其厚度为 2.55m。其层位属于西南镇段（Qp^x）之上，区域对比，其为三角层（Qp^y）。时代属于晚更新世。该套组合属于海退序列沉积，反映在三角层沉积时，地壳有明显的抬升，海水暂时退出，区域上构成海退序列。

(3) 沙湾水道 ZK6 显示（⑥层），岩性为黑褐色—灰白色粉砂质黏土，呈可塑状，其中可见炭屑及成层的腐木。区域对比应为，该层属于杏坛段（Qh^{xt}）。在该层 13.74～13.85m 处，^{14}C 年龄显示为 12 100±60a BP，其时代应该属于全新世早期。该套组合同三角层一样，同属海退序列沉积。该层厚 1.8m。

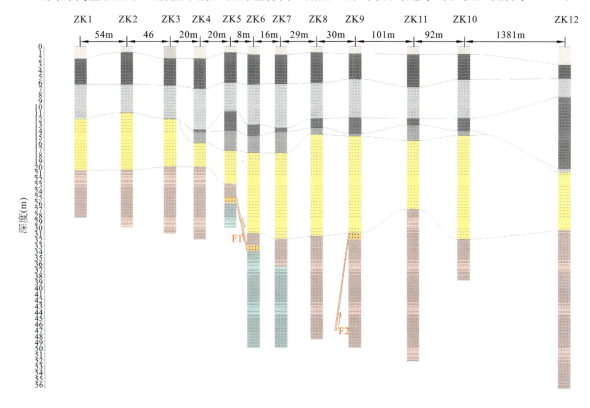

图 4-88 沙湾水道联合钻孔图

(4) 沙湾水道 ZK6 显示，在杏坛段（Qh^{xt}）之上沉积厚约 0.7m 的黑灰色淤泥层，该套组合属于横栏段（Qh^{hl}）。该处下陷速率微弱，约为 0.7m；东升层（Qh^d）不整合覆盖于横栏段之上的陆相风化产物，岩性为灰黄色、浅黄色、褐黄色黏土，粉砂质或砂质黏土，富含铁质氧化物。沙湾水道 ZK6 显示（⑧层），该层厚约 3.6m。万顷沙段（Qh^w）为覆盖在东升层之上的海陆交互项沉积。沙湾水道 ZK6 显示沉积厚度约 2.6m。灯笼沙段（Qh^{dl}）：为区内最新的一套深灰色粉砂质淤泥及粉砂质黏土沉积，ZK6 显示沉积厚度约 3.8m。

罗汉山和沙湾水道钻孔同时显示，目前该断裂带中部仍处于拉张的断块调整环境，上、下两盘第四系底部非等时性地层，而是上盘下降导致沉积了老地层或同一地层但厚度较大，说明这些部位断块调整多以蠕变方式完成，突变式调整的可能性不大。测年数据和野外调查中均未发现明显错动第四系的证据，说明该段晚更新世以来突发性、活动性较弱。

构造解析结果表明，沙湾断裂（以罗汉山段 F013 为据）具有弱活动性。

五、历史地震

自有地震记录以来,广东省发生过多次与沙湾断裂相关的地震。1997 年 9 月 23 和 26 日,在广东省三水市南边镇发生 $M_L3.7$ 级和 4.4 级两次地震。后者的震源烈度达 Ⅵ 度,强震造成了很大的破坏,为罕见的低震级高烈度震例。这是珠江三角洲地区近 80 年来发生的最大一次地震。这次地震发生在珠江三角洲西北部的三水虢地北部,极震区处于东西向高要-惠来断裂、北东向恩平-新丰断裂和北西向沙湾断裂(F007)的交界地带附近(图 4-89)。根据震源机制解(李纯清等,1998)及等烈度线图资料分析,沙湾断裂分支陈村断裂(F007)与震源机制解的截面非常吻合(图 4-90)。

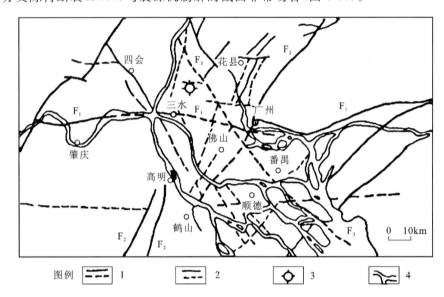

图 4-89 三水 4.4 级地震震中附近主要断裂分布(据徐启浩等,1998)
1.主要活动断裂;2.一般活动断裂;3.震中;4.河流;
F_1:高要-惠来断裂;F_2:恩平-新丰断裂;F_3:沙湾断裂

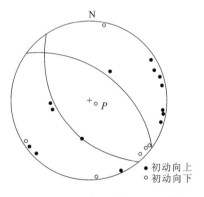

图 4-90 1997 年 6 月 26 日三水市南边镇 $M_L4.4$ 级地震的震源机制解
(据李纯清等,1998)

在沙湾断裂中段,历史上发生过多次破坏性地震。其中 1683 年 10 月 10 日的南海 5 级地震和 1824 年 8 月 14 同的番禺 5 级地震,震中均在沙湾断裂与北东向断裂的交会部位附近,且等烈度线的长轴方向均为北西向,与沙湾断裂的走向一致,进一步表明沙湾中段陈村断裂 F007 具有一定的活动性。

六、讨论与结论

1. 讨论

从地貌学的角度看,沙湾断裂带周边多级抬升夷平面、河流阶地等表明以沙湾断裂为边缘的断块发生多次抬升,北西向的沙湾断裂起了重要作用;水系、第四系等厚线及沉降中心与沙湾断裂存在耦合性,表明沙湾断裂对地貌的形成有一定的控制作用。但现代河流未发现同步拐弯、错动,断裂形成的瀑布、洪积扇切割等新构造活动迹象;断裂通过附近河流阶地结构完整,未见错动等现象。以上事实表明沙湾断裂晚更新世以后活动较弱。

从历史地震的角度看,沙湾断裂中段,历史上发生过多次破坏性地震;1997 年发生 $M_L3.7$ 级和 4.4 级两次地震。地震震中与沙湾断裂中段陈村断裂(F007)有关。说明沙湾断裂该段近期仍有一定活动性。

从地层错动角度看,1∶50 000地质调查并未发现错动第四纪地层的直接证据,探槽开挖结果证明老断裂在残积层形成以后并未发生强烈活动,表明沙湾断裂自第四纪晚期以来的活动性较弱。

从氡气测量结果看,断裂不同地段所测Rn最大峰值异常值与异常下限值之比为1.8左右,而土壤Rn均值异常值与异常下限值之比,除都宁冈外(F007)都小于2,说明沙湾断裂带目前整体活动性较弱。

从年代学证据看,第四纪以来沙湾断裂带内各断裂都有过不同程度的活动,且活动时间不一,有的断裂可能发生过多期次的活动(F007)。数据显示,中更新世时期,该断裂可能有过两次较大的区域性活动(F007、F011),时间分别为距今100万年左右以及50万年左右;晚更新世早期至中期,沙湾断裂的活动性渐弱,仅在南段大岗镇罗汉山附近(F013)及陈村断裂F007在灵山镇附近可能有与热液喷发有关的断裂活动(6万～10万年);晚更新世末至全新世(6万年以来),沙湾断裂活动性更弱,基本没有在地表留下活动的地质地貌证据。

从罗汉山构造剖面和钻孔解析来看,沙湾断裂在该段最后一次显著活动时间在10万～6万年之间;6万年至今该处一直处于拉张环境中,形成小型地堑,局部地段第四系沉积物厚度较大,但断裂两侧底部第四系非等时错动,不应属于脆性活动的结果,作者认为属"同沉积"类型的可能性更大。

2. 结论

(1) 地质地貌和浅层地震探测、联合钻孔验证均未发现断裂切割第四纪地层现象,不同方法的测年数据也显示其不同地段的数值大多大于10万年,按照邓启东先生对活动断层的定义,沙湾断裂在第四纪有一定活动性,但较弱。

(2) 沙湾断裂分支紫泥断裂罗汉山附近的地质地貌调查、测年资料、钻孔构造解析和探槽开挖、氡气测量结果显示该区全新世以来仍具有拉张特征,形成小型地堑,致使上盘沉积物厚度明显比下盘厚,是值得注意的地段,但活动性较弱。

(3) 从部分测年数据、氡气测量结果及震源机制解分析,沙湾断裂分支陈村断裂自晚更新世以来具有一定活动性,但1∶50 000地质地貌调查并未发现切割晚更新世地层,该段断裂活动性仍需进一步研究。

(4) 沙湾断裂整体为弱活动断裂。

第五章　广从断裂西淋岗段第四纪活动性讨论
——对佛山西淋岗错断构造成因的再认识

西淋岗第四纪错断面(f2)位于佛山市顺德区陈村镇西淋岗(图5-1),由"广佛城市断裂活动性调查评价"工作首次发现,中山大学等有关部门的专家认为该处出露的第四纪错断面与北东方向基岩断裂(F)贯通,为同一条断裂不同活动阶段的反映,隶属于广州-从化断裂的分支,是断裂的快速错动导致了松散沉积层的脆性变形,为晚第四纪活动断裂,并于2008年8月份和2011年2月份两次召开了珠江三角洲第四纪重大地质事件现场学术研讨会。

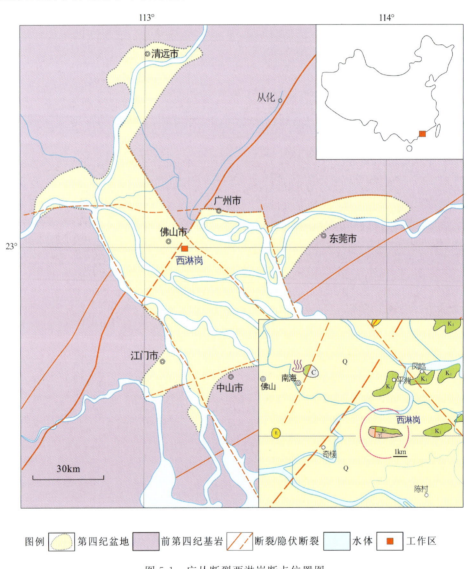

图5-1　广从断裂西淋岗断点位置图

因此,西淋岗第四纪错断面的成因问题得到了广东省政府和相关科研单位的高度关注。为了深入研究断裂性质,科学解释断裂成因,武汉地质调查中心和广东省地震局等单位的科研人员,对西淋岗出露的第四纪错断面、基岩断层和第四纪沉积进行了探槽开挖、浅层地震探测、大比例尺地质地貌填图和第四纪地层年代测定等工作。共设计了11个探槽,其中TC3为错断面分布处,TC1、TC2、TC4、TC5、TC6、TC7的目的是为了验证该错断面在走向上的延伸情况及地面以下的变化情况;TC8、TC10、TC11是为了揭示调查区域内错断面平面上的变化情况,TC9则是一个完整的第四纪剖面,具体部署见图5-2。

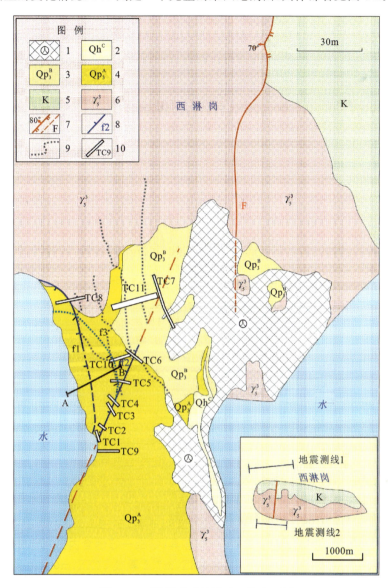

图5-2　西淋岗地质简图及工作布置图

1.人工堆积;2.现代冲洪积层;3.上更新统上部沉积;4.上更新统下部沉积;5.白垩系;6.燕山晚期花岗岩;
7.基岩断裂与推测活动断层;8.第四纪滑动面;9.裂缝和冲沟;10.探槽及编号

一、地貌和第四系

1. 地形地貌

广州-从化断裂(简称广从断裂,区域上属于恩平-新丰断裂带)呈北东向斜贯珠江三角洲第四纪沉积区(图5-1)。西淋岗位于广从断裂主断面的东侧,是盆地内一个长轴近东西向的侵蚀残丘(图5-3),制高点海拔75~92m。残丘外围为三角洲平原,海拔2m左右。残丘南坡被人工开挖,基岩和第四系大面积出露。野外观察点位于南北向长约350m、东西宽约250m的不规则脊状区域内,东、西两侧因大规模土石采掘留下大而深的积水坑。

残丘基岩由燕山晚期花岗岩和早白垩世红层组成,表层有红色风化壳发育。第四纪砂土层分布于

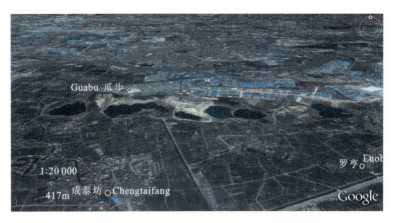

图 5-3　侵蚀残丘西淋岗（据 goole earth，2006）

残丘周边，西淋岗南坡第四纪沉积厚度约 10 余米，层面向山外缓倾，地面高程海拔由 20m 渐降为数米，大致与珠江三角洲冲积平原上的Ⅰ级和Ⅱ级阶地高度相当。

2. 基岩断裂

西淋岗基岩断裂也称"平洲断裂"，距广从断裂主断层 3.8km，被归属为广从断裂的次级断裂或分支断裂。断裂走向北东 10°—近南北，可见长度约 0.7km（图 5-4）。断面呈舒缓波状，倾向西，倾角 50°～80°。

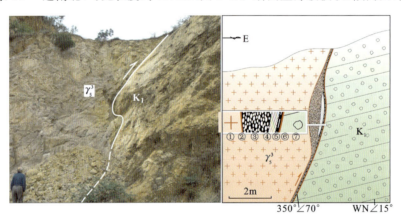

图 5-4　佛山西淋岗基岩断裂构造剖面图

γ_5^3.燕山晚期花岗岩；K_1.早白垩世红层；①.碎裂花岗岩；②.断面；③.碎斑岩；④.花岗岩夹片；
⑤.固结断层泥；⑥.主断面；⑦.砾岩

断裂产于燕山晚期花岗岩与早白垩纪砾岩之间（图 5-4）。断层破碎带由碎斑岩、碎粒岩、小型夹片和断层泥组成，剖面上呈透镜状，最宽约 80cm。其中，碎裂岩的分选性好，夹片中被铁染强化的原始组构与主断面呈锐角相交，显示逆断效应。紧贴主断面发育一层厚约 1cm 的固结断层泥，叶片状。主断面舒缓光洁，有两期擦痕，早期是近水平的，发育硅质膜，阶步指示断层右行平移；晚期倾滑，较新鲜，显示逆冲。

在残丘顶面，沿断裂走向形成地貌垭口，垭口宽约 20m，长约 60m，是侵蚀作用的结果。断裂上覆残坡积层未见受到后期扰动迹象，在外围的冲积平原上，没有断层陡坎等微地貌显示。断裂两盘基岩地表高程一致，断层泥厚度约 1cm，已固结。没有指示断裂新活动的新鲜的断层泥产生，也无第四系物质卷入。基岩断裂为已固化的老断裂，缺乏第四纪活动的明显证据。

3. 第四纪滑动构造

前人（陈国能等，2008）认为，西淋岗地区有 2 种性质的地表第四纪错断面。一种是滑坡引发的滑动面，分布于西侧采石坑东壁一带，走向近南北（图 5-2 中的 f1）；一种是活动断层，呈直线状展布于西淋岗第四纪沉积层中(图 5-2 中的 f2),剖面特征如图 5-5 所示,断层走向 25°,倾向北西,倾角 72°,上下盘断滑 53cm。上部以砂层为主的地层表现为脆性变形,断面平整;下部黏土层表现为塑性变形,出现了拉薄拖曳现象。该剖面的北北东方向约 100m 处,基岩断裂出露。推测第四系错断面向北北东方向与基岩断裂贯通,是断裂的快速错动导致了松散沉积层的脆性变形(张珂等,2009)。

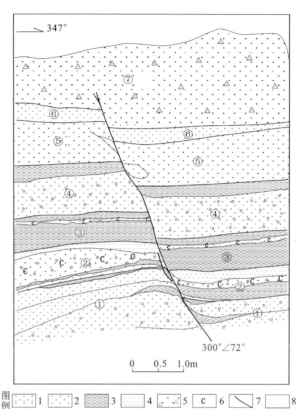

图 5-5　珠江三角洲北部西淋岗切错更新统断层素描(右图据张珂等,2009)
1. 砂砾石;2. 粗砂;3. 黏土;4. 粉砂质黏土;5. 坡积砂砾石;6. 炭屑;7. 断层;8. 分层号

为了查明上述断面沿走向和深度方向的延伸情况及其与基岩断裂的关系,我们在该剖面的两个延伸方向分别布设了多个探槽(该剖面编号为 TC3,自南而北的其他探槽依次编号为:TC1、TC2 和 TC4、TC5、TC6、TC7)。为了与西侧滑坡构造相比较,在西侧滑动带上布设了探槽 TC8。探槽位置参见图 5-2。

二、第四纪滑动构造的深部表现

在西淋岗,地表错断第四纪地层的现象有极大的迷惑性,因为它同一般断层在几何学上无甚区别;随着工作的深入,我们找到的属于断层的证据越来越少,而代表重力失衡的非构造成因的迹象却越来越多,这迫使我们不得不进行反思。

1. TC1 和 TC2

TC1 和 TC2 位于图 5-5 所示剖面的南西侧(槽位见图 5-2),探槽剖面见图 5-6。

TC1:陡立滑动面产状为北西 36°∠87°,上盘下滑,滑面较平整,顶部显示张裂,底部裂缝中见宽约 3～5cm 的松散充填物。沿滑动面走向向南西至 TC9,观察到产状变缓的不连续面,推测为探槽 TC1 揭示的滑动面的延深,在深度 5m 处,滑动面变缓,倾角变为 47°,错断碳质黏土层,断距减小到 0.5m。

TC2:滑面贯穿性好,上部通到地表形成高 0.5m 的陡坎。此外,还有一些贯穿性不好的裂缝,在剖面上从上至下尖灭,缝内有新土层充填,滑动面显示走滑兼张裂特征。

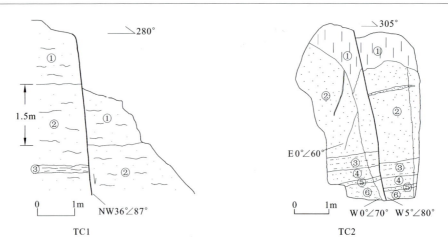

图 5-6 TC1 南壁和 TC2 北壁剖面图

TC1 北壁：①.砖红色坡积黏土质含砾粗砂，含植物根系，无明显层理，底面微显起伏，被错开约 1.5m；②.灰白色粗砂，近源花岗岩风化后的长石、石英颗粒，经近距离搬运堆积而成，略显平行层理；③.层②中的褐黄色铁质渲染层，被陡立滑面切失

TC2 南壁：①.充填楔，杂色砂土，含植物根系；②.坡积物，黄色，无层理，无分选，粗、细砂混杂，含红色砂砾质透镜体；③.砖红色粉砂质泥岩，含砾石，层厚 40cm，垂直断开约 40cm（下同）；④.灰白色含砂粗砂层；⑤.浅黄色砂砾石层，厚 10cm；⑥.淤泥层，灰黑色，局部含小砾石

2. TC4、TC5、TC6 和 TC7

TC4、TC5、TC6 和 TC7 位于图 5-2 所示 TC3 的北侧，剖面见图 5-7～图 5-10。

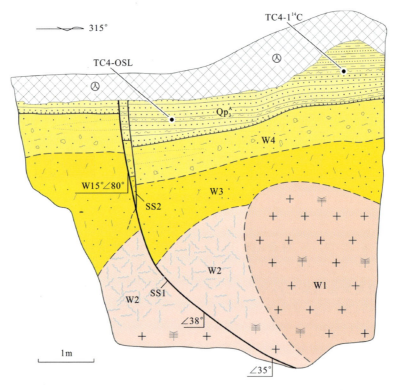

图 5-7 TC4 南壁剖面图

△.现代人工堆积物；Qp_3^A.晚更新世冲、洪积层；W4.花岗岩风化壳顶部的红土层；W3.风化壳中水解作用形成的灰白色砂土层；W2.花斑状风化壳；W1.球状风化层；SS1.滑动面 1；SS2.滑动面 2

TC4：该探槽所揭示的滑动断面呈后陡前缓的曲面（称犁式断面）。由切层正断层面和缓倾的滑面连接而成。在连接点之上，地表仅出露正断层，在连接点之下，滑面缓倾。浅部为两条倾向相同的半堑式断面，向下合并成一条。但右侧滑面（SS2）后期显示新的张裂，向下切断主滑动面 SS1 向原倾向的反方向扩展。

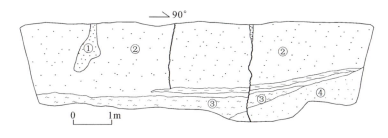

图 5-8　TC5 北壁剖面图

①.冲刷改造过的裂隙,后被砂土充填,含植物根系;②.红色与灰色的粗砂交互层,局部含红色黏土层,被裂面错开 5cm,红色层厚 2～10cm,灰色层厚 10～30cm;③.灰色淤泥层,局部含粉细砂,被裂面错开 5cm;④.灰白色细砂,含粗砂

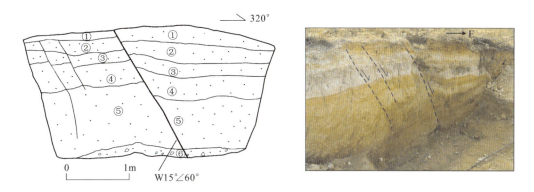

图 5-9　TC6 南壁剖面图

①.地表土,红褐色,含植物根系,无层理;②.灰色粗砂,层理较发育;③.灰白色粉细砂,含粗砂,无层理,无分选,上部颜色较深,下部颜色较浅;④.红色与灰黄色粉细砂交互层,含粗砂,水平层理发育;⑤.红色粉细砂,粗砂充填,颜色比④更深;⑥.砾石层,与层⑤界线不明显,砾径 3～15cm

图 5-10　TC7 西南壁剖面图(铁锰质结壳为 A 段和 B 段分界面)

①.河流侵蚀堆积,无层理,红色黏土团块夹杂植物根系,含少量碎石,粒径 4～10cm;②.粗砂堆积,层理发育,灰色,局部含少量碎石;③.红棕色粉砂土与砂互层;④.灰色—黄色砾石层,粒径小,无层理,无分选;层③与层④间是铁锰质结壳,厚 2cm,分布连续

TC5:所揭示的张裂缝特征显著,裂面弯曲,上部比下部宽,充填物为外来搬运物。显示近期产生的或近期仍有差动变形的新生裂面。

TC6:探槽 6 中可见 3 个滑面,左侧 2 个滑面断开了上部地层,断距只有几十毫米,向下滑面迅速消失。右侧滑面产状为北西 15°∠60°,最大断距为 20cm,向下消失于底部的砾石层中。

TC7:按照第四系错断面 20°～30°方向延伸,长度大于 15m 的 TC7 完全包含了错断面可能的展布宽度,所揭示的 2 期沉积分别划分为 Qp_3^A,Qp_3^B,二者之间被厚约 2cm 的铁锰质结壳分开,结壳构成极为明显的标志层,没有观察到任何裂缝或滑面。

3. TC8

TC8 所揭示的是典型的滑坡构造。探槽西端为西倾的临空面,多期滑坡体叠置。探槽内重力滑动断面发育,一系列滑动面呈阶梯或地垒状向西倾斜。地表形成错落台阶、一系列平行裂缝和小冲沟。

探槽 8 剖面与前述探槽剖面的滑动面相似,不同的是探槽 8 剖面揭示出更为复杂的重力滑动构造的组合特征(图 5-11)。

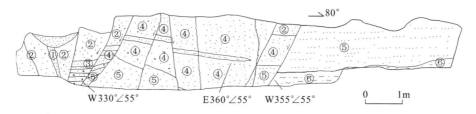

①.灰黄色含砾砂土填楔;②.含砾粗砂,层理不发育;③.花斑状(灰+红)黏质粉砂,约厚 10cm,有一定标志意义;④.黄色含砾粗砂与中细砂互层,局部见花岗岩角砾,砾径 5cm;⑤.灰白色粗砂,有层理,向东掀斜,层内见平行层面的铁质渲染条带,成分主要为石英,磨圆、分选差,含云母片;⑥.黑灰色粗砂(与⑤相似),含有机质

图 5-11 探槽 TC8 北壁剖面图

综合上述全部剖面,可以看出以下几点。

(1) 地表第四纪地层中的滑动面、裂隙、裂缝或陡倾不连续面与附近基岩中的断层未发现构造联系。在平面上,地表第四纪地层中滑动面的断距在西南端最大,沿北东走向逐渐减小至消失,与基岩断层不相连接。

(2) 在剖面上,地表断距最大,向下迅速减小或消失于第四纪地层中。个别"断裂"向下约 4m 深度延伸至基岩风化壳,迅速变为铲型(倾角由 80°变为 38°),显示滑坡体后缘滑动面的一种典型特征。研究区北东向"断层"和近南北向滑动面在构造特征上表现一致,都是重力滑动构造,不是活动断层。

(3) 基岩断层走向近南北,与产在地表第四纪地层中的北北东走向滑动面或裂缝不能相连,二者不能配套。

（4）地表第四纪地层中的裂缝、裂隙和滑动面不是地震引起的地裂缝。不同时间序次的古滑坡和现代滑坡相互叠置，构成研究区复杂而有序的滑塌体和滑动构造；另外，所谓"地震楔"，是陡窄的微小冲沟被砂泥充填后的剖面效应（图 5-8①，图 5-11 右下），与地震无关。

（5）第四系以松散砂土层为主，重力失稳后易开裂。在探槽新鲜采壁上，可观察到正在开裂的新缝隙。

三、西淋岗地表错断变形的成因分析

从探槽揭露的滑面特征来看，西淋岗第四系中复杂的小型尺度错断构造与区域上的广从断裂在几何学配置和变形运动学上没有关联，不是在统一构造应力场和构造体制下的变形产物，而可能是在局部地形条件下发育的受临空面几何学制约的滑坡现象。

（1）从几何形态特征来看，研究区存在多期滑坡变形构造。

f2 位于滑动体东侧，为滑动体与不滑动体分界处的剪切裂缝，发生于 Qp_3^A 地层中，滑面闭合密实。发育较好的滑动面呈后陡前缓的曲面（犁式）。有时，滑面在浅部出现两条或多条单边地垒状组合，往深部合并成一条（TC4）。在黏土等地层中，变形表现出柔流褶曲现象。滑动面断距在南端最大（TC1 为 1.5m），向北断距迅速减小以致消失，是滑坡体剪切滑动的尾部效应。晚期，新的张裂缝发育，切割先期滑动面，可以观察到裂隙的不断生长。

f1 由不同时期的滑坡群组成，为规模不大的中、浅层滑坡，表面裂缝多，滑体比较破碎（图 5-11 和图 5-12）。地表滑坡台阶（各岩土体滑动速度差异，在滑坡体表面形成错落台阶）、滑坡裂缝（滑坡活动时在滑体及其边缘产生一系列裂缝）和滑舌（滑坡前缘形如舌状的凸出部分，图 5-12）都清晰可见。露头和探槽中至少可识别出新、老两期滑面，由一系列切层的正断层组成。滑坡体表面总体坡度陡，而且延伸较长，坡面高低不平；滑坡表面有新生冲沟和不均匀沉陷；滑坡体上树木歪斜（"醉汉林"，图 5-12）。这些都显示新生的不稳定的滑坡体特征，可能与现代采石陡壁的形成有关。

图 5-12　西淋岗西侧临空面和滑坡体

（2）从地质构造条件看，各种构造面发育，具备土体产生向下滑动的条件。

花岗岩风化壳内部软弱面发育，包括原生结构面和次生结构面。在西淋岗花岗岩风化壳中观测到 3 组节理，走向为北北东、北北西和近南北向。这些节理的存在大大降低了风化壳的土体强度，加速岩体沿节理的球状风化。当地势反差和临空面增大时，在降雨时节软弱面发生泥化现象，土体沿裂隙面发生局部塑性变形及塑性滑动，随着张裂面的不断扩大，在重力和径流作用下发生倾倒和滑坠。

（3）从地形地貌来看，具备产生滑坡的空间。

滑坡发生的条件是斜坡体前有滑动空间。西淋岗为独立残丘，斜坡较陡，具备发生滑坡的地形地貌条件；加之近代大规模开挖，临空面和切割面广泛存在，构成滑坡发生的有利地形条件。

（4）从物质组成来看，厚层风化壳和松散第四纪堆积成为侵蚀、崩塌和滑坡的主体。

西淋岗地表出露的花岗岩第四纪风化壳厚度大，上覆第四系多为近源的风化壳物质短距离搬运后再沉积的产物，土质松散。风化壳中富含高岭土，遇水易于软化；第四系碎屑层中石英砂粒含量高，孔隙度大，渗透力强，降雨时极易达到饱和并超过土体塑限。当开挖或自然剥蚀形成临空面时，坡体下部失去支撑，便会产生风化壳和表层土体的滑动。降雨、爆破等可能是西淋岗现代滑坡频繁发生的诱因。

四、结论

佛山西淋岗出露的近南北向基岩断裂没有晚第四纪以来活动的地质、地貌证据。基岩断层走向北北东—近南北，与地表第四纪地层中的北东30°走向滑动面或裂缝在剖面上不相连接。

西淋岗发现的"第四纪活动断裂"不是构造活动成因，而是重力失衡形成的裂隙或滑动面，与古滑坡和现代滑坡有关。

西淋岗第四系砂土层覆盖在顺坡倾斜的花岗岩风化壳上，在第四纪地层中不存在由于断裂活动产生的构造不整合。

第六章 构造活动特征及演化

第一节 构造应力场分析

一、区域构造应力场特征及演化

研究区属于华南块体的南部,其经历了加里东运动、海西运动、印支运动、燕山运动及喜马拉雅运动等。震旦纪—志留纪,区内经历了大陆裂解→陆内裂谷沉积阶段,接受了厚数千米的杂陆屑式碎屑岩沉积。震旦纪晚期,出现了明显的海退,沉积物变粗;寒武纪时期,陆内裂谷继续演化,发育类复理石建造,整合覆盖于震旦系之上。志留纪末的加里东运动,使震旦纪—寒武纪地层发生强烈褶皱,形成一系列紧密线形褶皱,构造线方位以北东向为主,它们构成了前泥盆纪褶皱基底,被泥盆系角度不整合覆盖。伴随加里东运动的发生和发展,在黄山鲁、黄阁、南村镇等地一带发生了岩浆侵入作用。该时期构造应力场主体方向为北西向。

中泥盆世—早三叠世,区内前泥盆纪基底再次裂解,沉积了陆相—滨浅海相碎屑岩建造、碳酸盐建造和含煤碎屑岩建造,地层之间以整合接触为特征,偶见平行不整合。地层的岩性多变,岩相复杂,化石丰富,属于稳定型建造系列,单陆屑式建造组合和稳定建造组合。此时期岩浆活动较为频繁,在江门、古劳镇等地出现该时期侵入岩活动。中三叠世末,印支运动发生,它使本区的晚古生代沉积盖层及基底发生褶皱,伴随褶皱运动有较大规模的断裂活动发生,其构造应力场方向为南北向。

中新生代,随着太平洋板块对欧亚板块的碰撞俯冲作用,本区进入大陆边缘活动带发展时期。晚三叠世—侏罗纪的沉积建造主要为复陆屑类磨拉石建造、含煤碎屑岩建造及中酸性火山碎屑夹碎屑岩建造,构造应力场方向为南北向。

白垩纪—古近纪,构造应力场方向由北东向北西转变,形成一系列北东向宽缓型褶皱、脆性断裂及拉分盆地。白垩纪的沉积建造组合为复陆屑式建造组合夹火山复陆屑式建造组合,为一套杂色碎屑岩夹火山碎屑岩建造。

始新世末—渐新世初的喜马拉雅运动一幕,使广东地壳发生了强烈抬升,导致调查区古近纪盆地迅速抬升而萎缩消亡,从而结束了盆地的沉降史。喜马拉雅运动一幕以后的E_2—Qp_1时期,本区长期处于隆升剥蚀状态,直至Qp_2开始,随着珠江三角洲盆地的形成,才接受Qp_2以来的第四纪沉积。这一时期的构造运动主要表现为地壳的升降及断块运动,构造应力场主体方向为北西向。

二、研究区新构造运动的大陆动力学背景

研究地区位于欧亚板块华南亚板块的东南部大陆边缘,其周边被东南亚板块和南海亚板块所夹持,它们又共同受到印度板块和菲律宾海板块作用的影响(图6-1)。

自65Ma以来,印度板块和欧亚板块的碰撞,引起了约有1500km的南北向缩短量由地壳增厚的过程来吸收,使青藏高原成为2倍于正常地壳厚度的巨厚陆壳体(平均厚度70km)(许志琴等,2011),导致

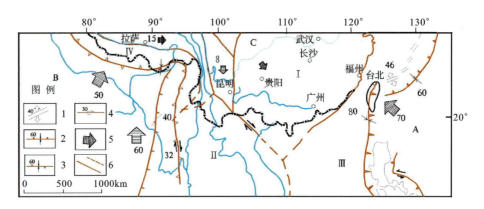

图 6-1 研究区板块动力学背景(邹和平,2002)

1—4 活动板块相对运动方向和速率(mm/a):1.分离边界;2.俯冲边界;3.碰撞边界;4.走滑边界;5.板块和亚板块、块体的运动方向和速率(mm/a);6.亚板块、块体边界;A.菲律宾海板块;B.印度板块;C.欧亚板块;Ⅰ.华南亚板块;Ⅱ.东南亚亚板块;Ⅲ.南海亚板块;Ⅳ.青藏亚板块

了现今青藏高原南缘喜马拉雅山脉的南北向缩短率为 18mm/a,北缘祁连山脉的缩短率为 16mm/a,高原腹地的东西向伸展速率为 10mm/a,大量物质向北东、东及南东方向逃逸(图 6-2)。

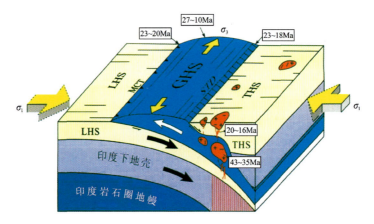

图 6-2 高喜马拉雅挤出作用伴随侧向物质流动的 3D 模式(据许志琴等,2011)

之后,印度-欧亚板块的碰撞速率持续降低,太平洋板块-欧亚板块的汇聚速率开始持续增高并大于印度板块-欧亚板块的碰撞速率,中国东部以先期的印度板块影响占主导转变为以太平洋板块影响占主导,但仍保持为右旋张扭应力场,该种应力状态导致了中国东部两次大的构造事件:东部陆块的向东挤出和微陆块的东南运移,这是中国东部陆缘发生裂解及向东构造迁移的主要板缘背景和动力学原因。直至中新世(10Ma)太平洋板块-欧亚板块汇聚速率的急剧增加,导致在上新世晚期—更新世(6~2Ma BP)发生了菲律宾海板块与欧亚板块的碰撞推挤,旋张扭应力场转变为左旋压扭应力场(Northrup et al,1995)(图 6-3)。台湾东侧,与南海北部陆缘张裂有关的沿海北东东向断裂的活跃以及与菲律宾海板块碰撞有关的北西向断裂活动的增强。

第四纪期间,南海北部陆缘张裂减弱,而菲律宾海板块向欧亚大陆的推挤在沿海区形成北西西向水平挤压应力场。此外,青藏高原在遭受强烈的北北东向的推挤作用时,由于岩石圈物质的流展,派生出向东的运动(舒良树,2012;张国伟等,2013)。张静华等(2012)利用 GPS 复测资料,解算出的广东地区相对于欧亚板块在扣除了整体平移后的水平运动速率,结果显示:华南块体内部存在比较一致的 SE 向运动,运动速率为 6.0~15.9mm/a,平均为 8.4mm/a。在块体南部(N23.5°以南),测点的运动速率比较小,平均为 7.4mm/a(张静华等,2012)。根据 GPS 复测资料计算区域应变状态显示:在块体南部(N25°以南),主压应变为 NNW-SSE 方向到近 N-S 方向,主压应变率从北向南逐渐增大(图 6-4)。这几种力的综合影响,对广东沿海第四纪盆地形成与发展、块断运动、海岸带频繁升降、火山喷发以及引起北

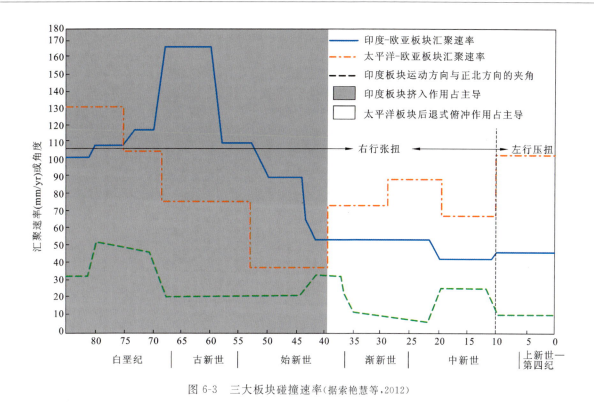

图 6-3 三大板块碰撞速率(据索艳慧等,2012)

东东向或北东向断裂右行平移、北西向断裂左行平移和地震的发生起了重要作用。

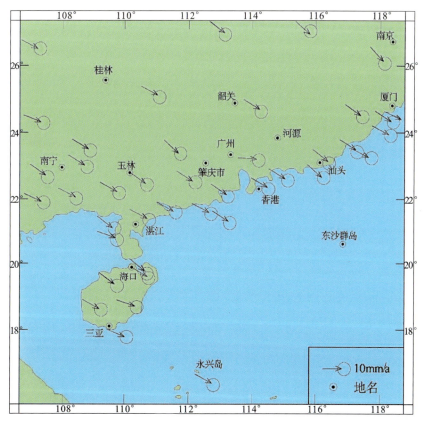

图 6-4 研究区及邻区现今水平形变速率示意图(据余成华,2010)

三、节理裂隙统计分析

本次野外调查共收集节理170组,涵盖西江断裂、沙湾断裂所切割地层。由于研究区北西向断裂形成时代多在燕山期,而断裂构造对不同时代岩石的影响有差别。为了深入分析不同构造应力场下,节理的几何学特征,就需要对不同期次构造运动背景下,在区域主应力场作用下所形成的张节理或剪节理统计分析。故此,野外调查统计的所有节理,不能说明都是北西向断裂活动的结果,但其肯定包含北西断裂活动的信息。基于此分析,对研究区调查的170组节理,根据其发育的地层新老,分为南华纪—志留纪、泥盆纪—三叠纪、侏罗纪—白垩纪、第三纪—第四纪4个阶段。以上阶段对应加里东运动、海西—印支运动、燕山运动及喜马拉雅运动。通过逐层剔除的办法,结合野外宏观调查,确定每一构造运动期优势节理产状,继而印证该时期构造应力场特征。

1. 南华纪—志留纪

该时期地层中野外统计节理点共计有4处,共统计节理31组(表6-1),野外出露的地层或岩石为元古宇云开群(PtY)及志留纪花岗岩。

表6-1 南华纪—志留纪岩层(石)中节理统计表

序号	节理倾向(°)	节理倾角(°)	点号	位置	地层(岩石)时代
1	40	50	D003	黄山鲁	Sγ
2	190	75			
3	210	30			
4	200	50			
5	5	70			
6	60	30			
7	260	65			
8	200	20			
9	30	67			
10	50	65			
11	140	85			
12	60	65			
13	75	71	D005	黄山鲁	Sγ
14	158	71			
15	210	30			
16	130	87			
17	55	77			
18	86	45			
19	345	25			
20	90	66	D035	虎门	PtY
21	205	70			

续表 6-1

序号	节理倾向(°)	节理倾角(°)	点号	位置	地层(岩石)时代
22	128	29	D035	虎门	PtY
23	262	69			
24	230	47			
25	220	38			
26	150	65			
27	280	50			
28	294	74	D036	化龙镇	PtY
29	64	10			
30	215	67			
31	287	23			

志留纪花岗岩主要位于黄山鲁一带及番禺以北地区。云开群(PtY)主要岩性组合为片岩、片麻岩、石英岩、变质岩、变质砂岩及粉砂岩，偶夹砂质板岩(?)等。该地层变质变形复杂，同时由于风化强烈，各处露头孤立，加上受多期次的构造岩浆作用的影响，底顶界线不清，上下关系不明，呈无序状态。故此，该套组合中统计的节理，至少包含了加里东运动所留下的形迹。此外，志留纪侵入岩具有多期活动的特点，从早期的中粒角闪黑云英云闪长岩到后期的片麻状细粒黑云母花岗岩，Rb-Sr同位素等时线年龄为晚志留世。

通过对表6-1分析，发现在该时期地层(岩石)中优势节理主要产状集中在196°～264°之间，共计有10组(图6-5)，倾向为南西或南西西，占该时期节理总数的32.3%；其次为倾向北东、北北东向节理，共计8组，占该时期节理总数的25.8%；以上两组节理总数基本反映了由于构造运动造成岩石破裂的主体构造应力方向。此外，倾向东、倾向南及北西的节理总数相对较少。通过野外调查，根据节理切割关系可知，该时期岩层(石)北东向节理最新，其次为倾向南，形成相对较早节理倾向南西。

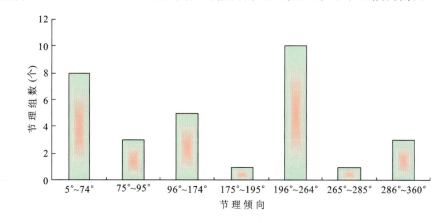

图 6-5 南华纪—志留纪岩层(石)中节理分布柱状图

南华纪—早古生代时期，研究区为华南原特提斯多岛洋体系的一部分，虎门、化龙镇一带的前南华纪变质杂岩是浙闽粤陆块边缘的裂解地块，在其周缘裂谷沉积了巨厚的类复理石碎屑岩建造。

寒武纪末的郁南运动，增城、云开等裂解地块与扬子板块发生碰撞，并伴随有岩浆侵入活动。志留纪末的加里东运动，使南华纪—早古生代地层发生强烈褶皱，形成一系列紧密线形褶皱，构造线方位以北东—近南北向为主(图6-6)，反应区域构造应力场主压应力(σ_1)方向为北西向(图6-7)，优势共轭剪节理产状为200°～230°∠30°～50°与30°～60°∠10°～70°。

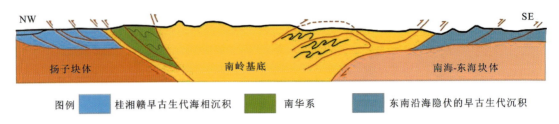

图 6-6　华南早古生代造山带结构及成因示意图（舒良书，2012 有改动）

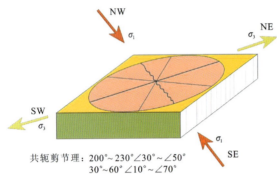

图 6-7　南华纪—志留纪构造应力场示意图

2. 泥盆纪—三叠纪

该时期地层中节理观测点共计有 9 处，共统计节理 36 组（表 6-2），野外出露的地层主要有泥盆系老虎头组（$D_{1-3}l$）、石炭系大赛坝组（C_1ds）、二叠系栖霞组（Pq）及三叠系大冶组（T_1d）。

老虎头组（$D_{1-3}l$）：岩性为灰色、灰白色、灰紫色石英质砾岩，砂砾岩、含砾砂岩、中粒砂岩、细粒砂岩、粉砂岩和泥岩，局部夹含碳质泥质粉砂岩。其主要分布在斗门县白蕉镇、六乡镇、江门市睦州镇、高明市古劳镇等地。野外露头较为零散，其上多被第四系掩盖。

从莲溪镇调查结果分析（D034），其中明显可见三组节理切割关系，其中较早一组节理为 250°∠60°，被 110°∠78°一组节理切割，其又被后期 205°∠65°切割。由此判别，岩层中节理多受后期构造改造作用明显。

大赛坝组（C_1ds）：岩性为灰白色、灰黄色、灰紫色、灰色粗、中、细粒石英砂岩，细粒长石石英砂岩、粉砂岩、泥质粉砂岩和泥岩，夹含碳质泥岩及微薄层—薄层状泥质粉砂岩与粉砂岩组成的韵律层，底部夹少量泥灰岩。

表 6-2　泥盆纪—三叠纪岩层中节理统计表

序号	节理倾向（°）	节理倾角（°）	点号	位置	地层（岩石）时代
1	34	70	D011	赤坭镇东	C
2	70	62			
3	170	70			
4	20	73			
5	255	49			
6	110	60			
7	245	62	D012	赤坭镇塱厦	C
8	100	35			
9	55	45			
10	25	18			
11	250	40			
12	290	37			
13	55	60			
14	200	45	D013	乐平镇北	T

续表 6-2

序号	节理倾向(°)	节理倾角(°)	点号	位置	地层(岩石)时代
15	275	75	D015	官窑镇	T
16	160	75			
17	305	40			
18	185	80			
19	350	65			
20	105	73	D016	官窑镇	T
21	160	12			
22	70	60	D020	富湾镇	C
23	10	35			
24	20	65			
25	35	70	D021	富湾镇	C
26	210	75			
27	10	25			
28	310	20			
29	330	55			
30	50	40	D022	富湾镇	C
31	320	45			
32	190	45			
33	160	84	D034	莲溪镇	D
34	110	42			
35	88	65			
36	180	55			

栖霞组(Pq)：主要岩性是灰岩夹粉砂岩及碳质页岩，底以含燧石灰岩整合于梁山组之上，或以含砾灰岩整合于壶天群灰岩之上(广东省地质矿产局，1988)。区内露头极少，仅在沙湾断裂带松岗镇一带有零星出露。北西向断裂未切割该套地层，故其中无节理统计。

小坪组(T_3x)：下部岩性由灰白色、灰色、灰黑色、黑色厚层—薄层状含砾砂岩、砂岩、粉砂岩、粉砂质泥岩、泥岩夹砾岩、砂砾岩、碳质泥岩、煤层组成；中部主要由黑色厚层状—薄层状粉砂质泥岩、泥岩和粉砂岩组成；上部岩性主要为浅灰色、灰黑色厚层—中厚层状含砾砂岩、砂岩、粉砂岩、粉砂质泥岩、泥岩夹碳质泥岩和煤层。该地层在西江断裂带富湾、金本镇一带；在沙湾断裂带沿莲塘、官窑一线分布，总体走向呈北西-南东走向。其内部节理较为发育。

通过对表 6-2 分析可见，倾向北东、北东东向的节理共计有 12 组，占该时期总节理数的 33%；其次，倾向南东向的节理共计有 8 组，占节理总数的 22%；倾向南西为 5 组，占节理总数的 14%；倾向北西的节理 6 组，占节理总数的 17%；倾向近东、西向的节理各 1 组，占节理总数的 3%；倾向南方向 3 组，占节理总数的 8%(图 6-8)。

加里东运动之后，研究区进入相对稳定的发展时期。中泥盆世—早三叠世，前泥盆纪的基底在此裂解，在裂陷中沉积了陆相—滨浅海相碎屑岩建造、碳酸盐建造和含煤碎屑岩建造。早二叠世开始，罗定—云浮—广宁一线的钦州海槽闭合并开始碰撞，造成本区早、晚二叠世地层之间的假整合并缺失中二叠世地层；中三叠世末的印支运动，造成本区的晚古生代沉积盖层发生褶皱，形成清远、花县及从化等褶

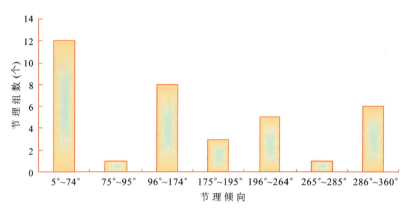

图 6-8 泥盆纪—三叠纪岩层中节理分布柱状图

皱带,并且加里东基底不同程度卷入褶皱作用的基底褶皱作用和盖层褶皱作用,伴随有较大规模的断裂活动发生。华南大陆的印支期构造如同早古生代广西(加里东)期构造事件一样,属于一次没有洋壳俯冲参与的陆内造山作用(张国伟等,2013)。晚三叠世以来,随着太平洋板块对欧亚板块的碰撞俯冲作用,本区进入大陆边缘活动带发展时期。

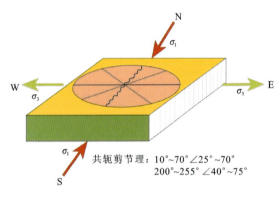

图 6-9 泥盆纪—三叠纪构造应力场示意图

构造地质学研究结果表明,华南印支运动产生的褶皱构造线方向主要为近西-东向(张岳桥等,2009),指示印支期变形的挤压应力方向为近南北向。华南东部地区北东—北北东向韧性走滑剪切带的研究结果显示其运动学以左旋走滑为主(Wang et al,2005),云开大山地区主要断裂构造的逆冲方向也指示由北向南,这些运动学指向一致地表明华南地区印支构造运动受到近南北向构造挤压,而并非平俯冲模型认为的北西-南东或近西-东向挤压(徐先兵等,2009)。故此,测区该时段区域构造应力场主压应力方向为南北向(图6-9)。

3. 侏罗纪—白垩纪

该时期地层中节理观测点共计有11处,共统计节理79组(表6-3)。野外调查出露的地层主要有侏罗系金鸡组(Jj)、白垩系百足山组(Kb)、白鹤洞组(Kbh)及三水组(Ks),此外还有侏罗纪侵入岩(Jγ)。

表 6-3 侏罗纪—白垩纪岩层中节理统计表

序号	节理倾向(°)	节理倾角(°)	点号	位置	地层(岩石)时代
1	320	40			
2	310	64			
3	175	35			
4	105	65			
5	305	35	D008	番禺理工学院	K
6	33	78			
7	135	35			
8	295	73			
9	60	55			
10	190	25			

续表 6-3

序号	节理倾向(°)	节理倾角(°)	点号	位置	地层(岩石)时代
11	230	70	D008	番禺理工学院	K
12	275	70			
13	85	46			
14	95	55			
15	55	58			
16	15	45	D009	广州双利公司	K
17	105	35			
18	135	60			
19	65	60			
20	157	90			
21	340	56			
22	65	55	D010	番禺南村	K
23	320	50			
24	220	75	D017	佛山里水镇	K
25	340	40			
26	195	55			
27	315	40	D018	三水高坪村	K
28	195	80			
29	95	55			
30	220	65			
31	20	35	D019	三水富湾镇	J
32	75	75			
33	270	60	D024	三水二桥南西	K
34	300	80			
35	320	83			
36	90	60			
37	30	90	D029	杏坛镇了哥山	K
38	70	80			
39	230	72			
40	145	38			
41	201	76			
42	345	36			
43	40	83			
44	260	73			
45	15	68			
46	30	80			

续表 6-3

序号	节理倾向(°)	节理倾角(°)	点号	位置	地层(岩石)时代
47	60	55	D030	高明棠下镇	K
48	285	30			
49	220	73			
50	350	64			
51	115	64			
52	295	65			
53	180	50			
54	20	82			
55	40	45			
56	155	70			
57	210	62			
58	160	35			
59	103	67	D031	斗门县黄杨山	J
60	300	4			
61	213	75			
62	50	45			
63	240	70			
64	60	32			
65	240	79			
66	103	67			
67	300	4			
68	210	80			
69	108	54	D032	斗门县白蕉镇	J
70	204	72			
71	350	81			
72	316	54			
73	60	80			
74	275	80	D033	斗门县白蕉镇采石场	J
75	20	71			
76	205	43	D037	番禺南双玉村	K
77	334	37			
78	280	72			
79	70	55			

金鸡组(Jj)：其主要分布在白坭镇以南，岩性主要为浅灰色、灰黑色、棕红色、紫红色厚层—巨厚层

状复成分砾岩、灰岩质砾岩,夹少量含砾砂岩和砂岩;上部主要为灰色、灰黑色薄层—中厚层状细粒石英砂岩、粉砂岩、粉砂质泥岩互层,夹少量含砾砂岩、中粗粒长石石英砂岩、碳质泥岩、劣质煤和煤线。通过D019调查可见,其中节理不甚发育,其主要倾向为北东向。节理发育程度严格受到该点北西、北东向断裂的控制。后期人工开挖及改造形成的重力滑塌,亦对岩层有一定的破坏作用。

百足山组(Kb):主要分布在三水金本镇西,野外调查点为D018、D024。其下部岩性为暗红灰褐色砾岩、砂砾岩、含砾砂岩夹砂岩、凝灰质砾岩、凝灰砂砾岩、凝灰质砂岩、泥质粉砂岩、凝灰质粉砂岩和少量凝灰岩。旋回上部为暗红淡灰色砂砾岩、凝灰质砂砾岩、含砾砂岩、砂岩夹凝灰质砂岩、泥质粉砂岩、凝灰质泥岩和少量沉凝灰岩。从点D024可见,岩层中张性节理发育,主要走向为130°~310°,且多被后期物质充填;而野外节理调查显示,倾向东方向的节理为最后一期构造活动的产物。

三水组(Ks):主要分布于里水、白坭、高明棠下镇、顺德杏坛镇等地,其岩性主要为紫红色、灰棕色、棕红色砾岩、砂砾岩、砂岩。该砂岩记录构造形变较为完整。其中以高明棠下镇最为典型,野外共统计节理12组,节理切割关系极为明显,调查显示,倾向南及北东方向的节理形成时代较新。此外,在斗门县一带,广泛出露侏罗纪花岗岩,其中节理较好的记录了构造活动的形迹。

通过对表6-3分析发现,倾向北东、北东东向的节理共计有20组,占该时期总节理数的25.3%;其次倾向北西的节理共计有18组,占节理总数的22.8%;倾向南西为14组,占节理总数的17.7%;倾向南东的节理12组,占节理总数的15.2%;倾向近东、西向的节理各5组,各占节理总数的6.33%(图6-10)。

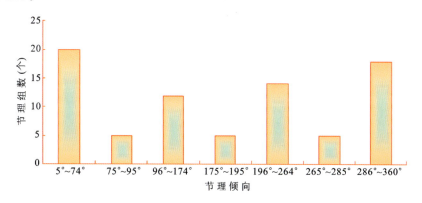

图6-10 侏罗纪—白垩纪岩层中节理分布柱状图

由图6-10可知,在侏罗纪—白垩纪岩层中,优势节理倾向主要为倾向北东及北西向,其走向玫瑰花图表明(图6-11),北西走向占多数,而北东走向有一定差别,呈现分叉状;此外还有近南北走向节理。

印支运动之后,研究区进入了陆内造山阶段,此时扬子板块与华夏板块已经完全拼贴(许志琴等,2013)。随着太平洋板块对欧亚板块的碰撞俯冲作用,本区处于三向不均衡挤压的构造背景(图6-12)。从早侏罗世开始,受板块不均衡挤压作用影响,区内出现一系列拉张裂陷盆地或走滑拉分盆地,此时区内

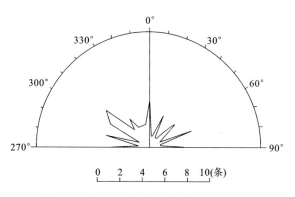

图6-11 白垩纪岩层节理走向玫瑰花图

主要应力为近南北向拉张(图6-13)。晚侏罗世—早白垩世,广东及邻区形成了一系列伸展构造体系,地壳总体向南伸展,而且,自西而东伸展方向由南西转向南东,与广东省的海岸线变化趋势一致(庄文明等,2003)。该时期构造形变特征在华南地区褶皱层叠加(张岳桥等,2012)及大范围岩浆活动(Dong et al,2008)得到证实。

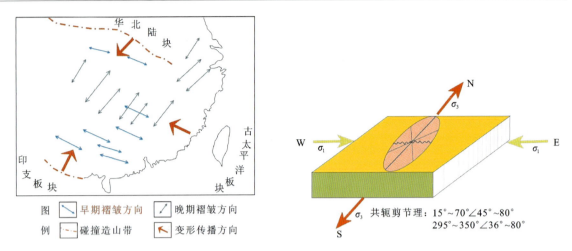

图 6-12　华南中生代多板块相互作用模式示意图(刘琼颖等,2013)　　图 6-13　侏罗纪—白垩纪构造应力场示意图

4. 第三纪—第四纪

该时期地层中节理观测点共计有 6 处,共统计节理 22 组(表 6-4)。野外调查出露的地层主要有莘庄村组(E_1x)、华涌组(E_2h)及第四系。

表 6-4　第三纪岩层中节理统计表

序号	节理倾向(°)	节理倾角(°)	点号	位置	地层(岩石)时代
1	225	40	D001	十八罗汉山	E
2	65	78			
3	215	75	D006	黄阁镇以东	E
4	205	46			
5	180	15	D007	黄阁镇以东	E
6	165	15			
7	115	75			
8	90	85			
9	160	15			
10	340	45	D014	官窑镇以南	E
11	115	70			
12	310	80			
13	50	70			
14	160	40	D027	西樵山	E
15	20	55			
16	60	15			
17	270	80	D028	西樵山	E
18	230	40			
19	185	80			
20	35	65			
21	290	45			
22	190	60			

莘庄村组（E_1x）：主要分布在大岗十八罗汉山、黄阁、大沥镇以西等地。该组岩性主要为紫红色、紫灰色、灰白色复成分砾岩、砂砾岩、含砾粗中粒杂砂岩、泥质粉砂岩、含砂质泥岩、泥岩等。十八罗汉山一带，其中可见膏盐及方解石等脉体（图6-14），其与下伏地层呈不整合接触。岩层中节理裂隙相对不发育，其中张性裂隙中多有充填，剪节理不甚发育。

华涌组（E_2h）：主要分布在西樵山一带，由粗面质火山岩夹碎屑岩组成，其粗面质火山岩有粗面岩、石英粗面岩、粗面质凝灰岩、火山角砾岩、火山集块岩、角砾凝灰岩及凝灰质砂砾岩等，碎屑岩有砂砾岩、不等粒砂岩、细—粉砂岩等。岩体受北东、北西及近东西向断裂控制，形成断隆（庄文明等，2003），其中，火山岩中节理构造较为发育，记录了相对较新的构造活动证据（图6-15）。

图6-14　莘庄村组（E_1x）中方解石脉　　　　图6-15　华涌组（E_2h）火山岩中节理

由表6-4可知，第三纪地层中主要发育倾向北东向节理5组（图6-16），此外为倾向南东向节理5组，此两组节理可能成共轭关系，各占节理总数的22.7%；倾向南西的节理4组，占节理总数的18.2%；倾向南的节理3组，倾向北西的节理3组，其各占节理总数的13.6%；近东西倾向各一组，占节理总数的4.5%。其走向玫瑰花图如图6-17所示。

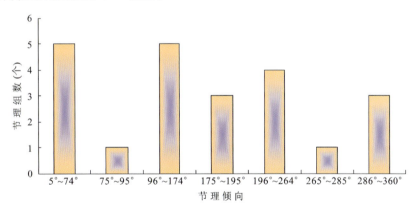

图6-16　第三纪地层中节理分布柱状图

发生于始新世末—渐新世初的喜马拉雅运动一幕，使广东地壳发生了强烈抬升，导致调查区古近纪盆地迅速抬升而萎缩消亡，从而结束了盆地的沉降史。万天丰（1993）研究认为，喜马拉雅期（23.2～0.7Ma），广东地区最大主压应力轴（σ_1）优势产状为175°∠5°。自新近纪之后，挤压力减弱，表现为松弛和向东南扩散，改变为北东向右旋张性，北西向亦显张性活动（刘以宣，1981）。中更新世以后，印度板块持续向欧亚板块的俯冲，而太平洋板块也向其俯冲，在

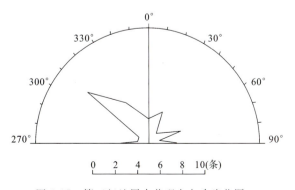

图6-17　第三纪地层中节理走向玫瑰花图

板块差异运动的作用下,研究区构造应力场逐渐从南北向挤压过渡到北北西—南南东挤压(图6-18),总体发生逆时针旋转。根据现有地震震源机制解P轴方位角显示,其优势方位为北西向,表明这一地区主要受到菲律宾海板块北西向向欧亚板块俯冲的影响(孙金龙等,2009)。

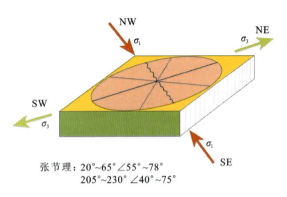

图6-18 中更新世以后区域构造应力场示意图

表6-4数据说明,自古新世(E)以来,区域构造应力场可能发生了多次转变,主要证据是在第三纪地层中发现多组节理,除了倾向北东或南西节理之外,还有地层中发现的张性节理,被后期的方解石脉充填,裂隙产状呈现较清晰的北西走向,倾向北东或南西。这说明在脉体形成时,区域构造应力主要呈现北东向拉张(σ_3),形成一系列北西向构造裂隙,在构造活化作用下,方解石脉体沿裂隙带充填。故其代表了该时期构造活动证据。对比图6-18发现,现今珠江三角洲地带,区域构造应力场方向为北西向挤压,故此分析第三纪中充填的方解石脉体可能记录了该区域构造的最后一次明显的活动。将表6-4的数据进行整理发现(图6-19),倾向北东的节理较为连续,倾向东及倾向南东的(115°)与倾向南东及南西的有较大差别,而倾向南西与倾向南东没有明显的分界。倾向北西的自成一个系统。

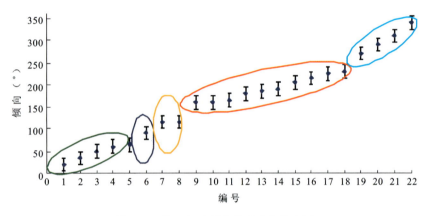

图6-19 第三纪地层中节理分布散点图

以上分析说明,倾向南东及倾向南西方向节理可能有某种成因联系,但仅限于第三纪地层分析及野外宏观露头描述,无法对其进行深入讨论。

综上所述,通过对地层中节理的统计分析发现,后期的节理(E—Q)能够较好地指示和解释现今构造应力场的特征。但是以其为背景,从早期的地层中剔除与之相近的节理,则得到不尽如人意的结果。构造活动虽然对岩石有一定的破坏作用,岩石变形、破裂也是对构造活动的响应,这是毫无置疑的。然则,珠三角地区大地构造格局的形成期主要在燕山期以来,而北西向活动构造演变的历史与早期的北西向断裂可能存在某种成因上的联系,也可能只是几何学上的耦合,不能一概定论。所以,通过对岩石中大量节理的统计表明,其对构造应力场的解释存在一定的歧义,关键问题是燕山期以来的强烈的构造运动几乎置换掉地层中所有的构造形迹。而喜马拉雅运动的多期次抬升及太平洋板块的俯冲,华南板块内部不均一的差异升降,形成在较小范围内的构造应力场存在较大差别。而这种差别不是能依靠节理统计解决的。故此分析认为,研究区调查所统计的节理,基本能够判别较大尺度的构造运动事件,但不能解释期间细微构造活动期次,这还有待于其他研究佐证。

第二节　第四系堆积厚度及形变

一、区域第四纪地层

珠江三角洲地区第四纪地层主要分布于中山、顺德、东莞、鹤山、高明、珠海及开平等地。自下而上划分为2个组、6个段及2个层,即礼乐组(含石排段、西南镇段、三角层)、桂州组(杏坛段、横栏段、东升层、万顷沙段、灯笼沙段)(庄文明等,2000)。

1. 石排段(Qp^{sp})

区内石排组(Qp^{sp})多埋藏于凹凸不平的古老基底或洼地谷中,不整合于基岩风化壳之上。其岩性主要为褐黄色、灰白色卵石、砂砾、黏土质砂砾、含砾粗砂、中或粗砂、含砾粉砂,局部夹泥炭土层或含腐木等。厚1.5~14m不等,埋深多从14~63m不等。其砾石成分复杂,主要为脉石英,少许粉砂岩、砂岩、变质岩等,泥、砂质充填。砾径一般(0.2×0.3)~(2×3)cm,个别大于5cm,分选性、磨圆度均较好,多为次棱角—次圆状。本段三角洲边缘地区埋藏较浅,一般为十多米,厚几米至十余米,而在三角洲中心地区埋藏较深,最深超过60m,厚达二十几米。在顺德黄连、大洲、九江、中山东凤、新会小冈、江门丰盛等地,形成多个沉积中心,反映了古西江、古北江及古潭江河道的变迁(图6-20)。

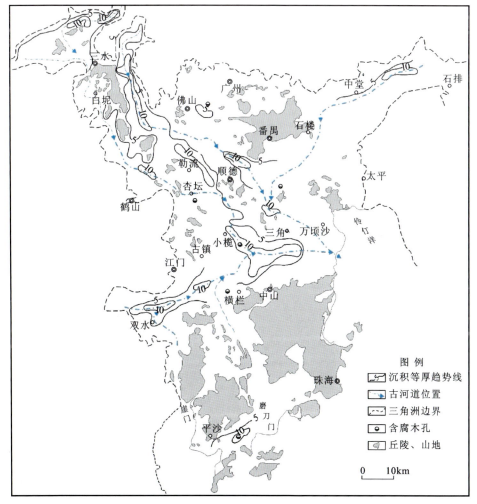

图6-20　石排段等厚趋势线(庄文明等,2000,有改动)

2. 西南镇段（Qp^x）

西南镇段区内分布广泛。其下部主要由深灰色—灰黑色黏土、淤泥、黏土质粉砂、灰黄色粉质黏土等组成，局部地方夹耗壳层或腐木等，上部为一套富含铁质氧化物的花斑状黏土，称作"三角层"。该组厚 2.0～21.0m 不等，埋深多为 6～40 余米，厚 2～28m 不等（图 6-21），含较丰富的海相生物化石，如介形虫、有孔虫、腹足类、双壳类、蔓足类、掘足类及多毛类等。

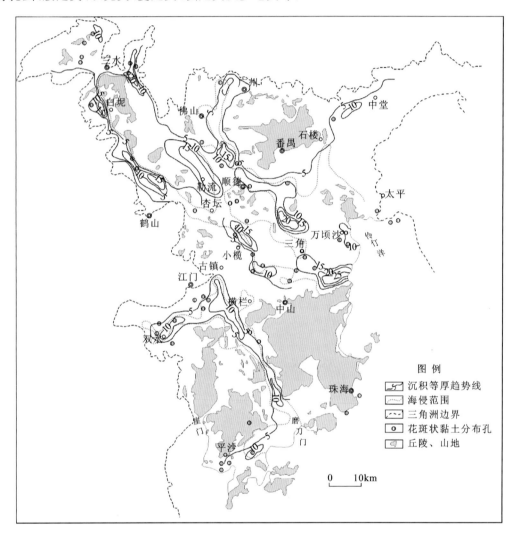

图 6-21　西南镇段等厚趋势线（庄文明等，2000，有改动）

区域上，在灯笼沙—大鳌—横栏—双水、民众—浪网—南头、万顷沙—灵山—北教一带，其岩性多为海积相的黏土、淤泥等，并含有较丰富的海相生物化石；而在中山沙朗—曹步、小榄及南海杏坛—龙江一带，则岩性多为冲积—海积的粉细砂及少量的中粗砂等。

从图 6-21 可见，该时期海侵范围扩大，沿西江可达三水、白坭；北部可达广州以西地带。在北西、北东向断裂的作用下，沉积盆地形成了多个沉降中心，诸如小榄、黄圃、古劳、白坭等，以上沉降中心基本呈北西走向，最大沉积厚度大于 20m，反应该时期地壳差异升降极为显著，而北西向活动断裂的张性扩张，为该区域第四系沉积提供了良好的环境。

3. 三角层（Qp^{sj}）

该层为西南镇组或其下的风化产物，岩性为一套浅灰色、灰白色、黄白色、红黄色花斑状黏土、粉砂质黏土或砂质黏土层，分布较广。

调查区为一套浅灰色、灰白色、黄白色、红黄色花斑状黏土、粉砂质黏土或砂质黏土层,富含铁质氧化物,其厚1.8~7.0m不等,埋深多为6~28m。含较丰富的化石,如介形虫、有孔虫、腹足类、双壳类、蔓足类、掘足类及多毛类等。

4. 杏坛段（Qh^{zt}）

杏坛段为浅黄色—灰白色砂砾层、含砾粗砂、中或细砂层、浅灰色淤泥质粗、中、细砂层。砾石成分以石英质为主,少量砂岩砾,砾石大小一般4~10mm,个别达15mm,次棱角状—次圆状,分选较差,含少量有机质。一般埋深12~26m,厚度一般5~12m,与下伏三角层呈平行不整合接触。

5. 横栏段（Qh^{hl}）

区内横栏段岩性为一套海进期沉积的深灰色—灰黑色淤泥、粉砂质淤泥夹粉砂及粉砂质黏土薄层,富含贝壳(或耗壳层),底部含有机质、腐木等。埋深6~30.0m,厚3~20.0m不等(图6-22)。

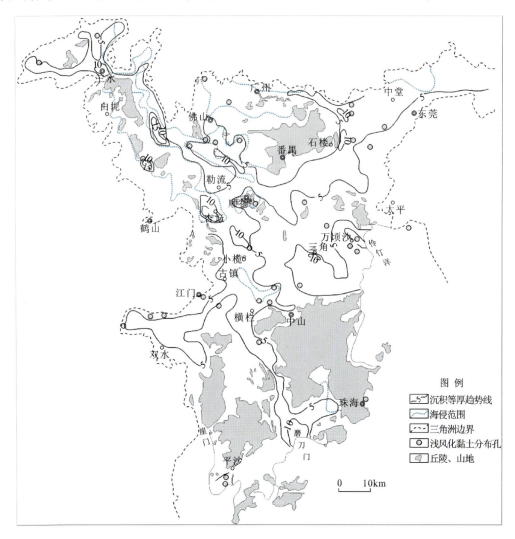

图6-22 横栏段等厚趋势线(庄文明等,2000,有改动)

由图6-22可见,该时期海侵主要集中在顺德以北区域,海侵范围较前一时期有增大区域。此时,三角洲内部发生大面积沉降,横栏组堆积厚度大于5m的区域较大。沉降较显著的南部表现在磨刀门一带,沉积厚度达10m;在西北杏坛、高明一带,最大沉积厚度可达15m以上。以上可见,该时期地壳活动总体趋于下降,而三角洲内部由于断块作用,下降速率呈现不均一的特点。在十八罗汉山一带,至少在5m以上。

6. 东升层（Qh^d）

该层为中全新世后期海退后陆相风化的产物。指位于横栏段顶部、上为万顷沙段所不整合覆盖的一套浅风化的灰黄色、浅黄色、褐黄色黏土、粉砂质或砂质黏土，富含铁质氧化物。该层主要在中山市古镇、横栏、坦背、东升、小榄、万顷沙、斗门平沙一带。该层厚一般 0.5~10.6m，埋深 1.5~25.8m 不等。

7. 万顷沙段（Qh^w）

该段由灰黄色中细砂、砂砾、含砾砂质淤泥及浅风化黏土组成。现该段指位于横栏段与灯笼沙段之间的一套以灰黄色中细砂、砂砾为主的地层，局部夹深灰色淤泥、淤泥质粉细砂，而把其下部含铁钙质结核、具红黄色铁锈斑纹浅风化黏土层归为横栏段顶部的"东升层"。万顷沙段时代属中全新世。该段为一套以陆相与海相沉积并存的地层，岩性变化大，在中山民众、新会礼乐、双水、斗门白蕉、小霖、顺德北教、容奇等地为海积—冲积的淤泥、黏土，而其他地方则为冲积的中细砂、砂砾为主，局部含腐木（或腐木层），厚 1~10m，埋深 1~12m（图 6-23）。

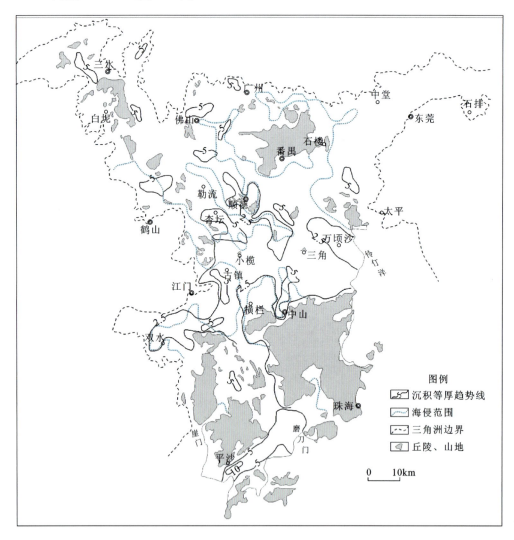

图 6-23　万顷沙段等厚趋势线（庄文明等，2000，有改动）

由图 6-23 可见，该时期海侵范围再次扩张，三角洲在中山以北、高明以东、广州以南等地大范围均遭受海侵影响。此时，沉积盆地发生了多次改造，表现为沉降中心的多元化及沉降速率的相对减缓。从沉降盆地分析，该时期较为明显的沉降发生在斗门以南地区，该沉降区面积约 110km²，呈北东向展布，最大沉降中心面积约 10km², 其长轴方向为北东向。该沉降说明三角洲边部在中全新世时期, 发生过短暂的向南扩张的运动, 在此运动的响应下, 在睦洲镇、高明以北、佛山等地出现小范围的呈北东走向的沉陷。除此之外, 区内该时期主要以北西向拉张形成的沉降为特征, 但沉降幅度较前期大大减缓, 沉积厚度一般在 2.3~5m。

8. 灯笼沙段（Qh^{dl}）

灯笼沙段系源自黄镇国等(1982)命名于斗门县灯笼沙 D6 孔, 代表全新世晚期最新的一套深灰色粉砂质淤泥及粉砂质黏土沉积, 整合覆于万顷沙段之上。该段岩性为一套海陆过渡相沉积的深灰色、灰黄色淤泥、粉砂质淤泥、粉砂质黏土、砂质黏土及细砂层组成, 富含贝壳（或耗壳层）。富含轮藻、介形虫、腹足类化石, 厚 0.5~12m, 埋深 0.5~12m（图 6-24）。^{14}C 年龄为 1390±70~2350±90a 之间, 时代属于晚全新世。

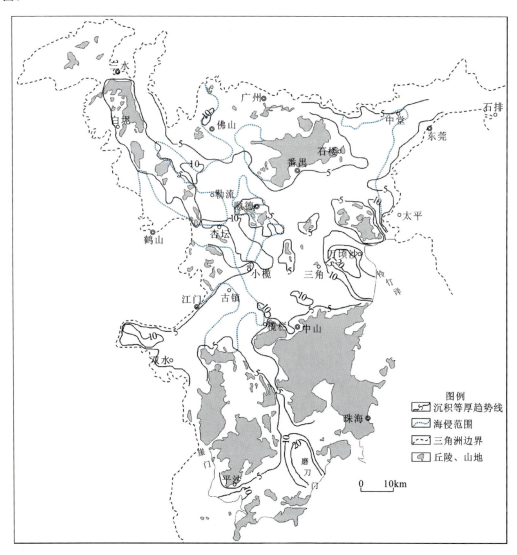

图 6-24　灯笼沙段等厚趋势线(庄文明等, 2000, 有改动)

图 6-24 表明, 此时期海侵的区域主要集中在三角洲的中部及北部一带。海侵范围较前期面积有所减少。沉积盆地接受了最后一次的海相沉积, 其中在南部磨刀门一带、万顷沙一带形成 2 处最为显著的沉降中心, 沉积物最大厚度可达 20m, 其延伸方向为北西向。磨刀门及其水道则形成狭长的北西向沉降区域, 向北至小榄、三水白坭等, 形成一个个北西向沉降带, 说明在 2350~1390a 之间, 三角洲南部发生强烈的沉降, 北部沉降速率相对南部较缓。新构造活动主要为北东向拉张形成的裂陷, 而此拉张在盆地

内部各个断块之间则表现差异较大。

综上所述,在盆地的第四纪沉积等厚线上,早期(320~40ka)的第四纪沉积主要沿盆地边缘分布,沉积等厚线呈北东或北西向展布;随着盆地的演化,盆地的沉积中心逐渐向南或南西方向迁移,反映盆地在向北西-南东两侧伸展的同时还发生北东方向的右旋走滑。另一个特点是,在盆地的后期演化过程中,北西向断裂的影响趋于明显,古河道的变迁及现代水系的展布也受到了北西向断裂的控制,如西江断裂、沙湾断裂控制了西江及珠江主干的展布,沿着这些北西向断裂叠加了一级沉积中心,尤其是在北西向与北东向断裂交会处,第四系的沉积厚度最大。

二、第四纪沉积厚度对比

本次结合钻孔测年资料,选择小黄羊 ZK6、西淋岗 ZK13、沙湾水道 ZK6 及十八罗汉山 ZK2 进行综合对比分析研究(图 6-25)。需要说明的是,小黄羊 ZK6 主要反映西江河段第四纪的厚度变化,其他钻孔都是对沙湾镇段的控制。各个钻孔信息如表 6-5 所示。

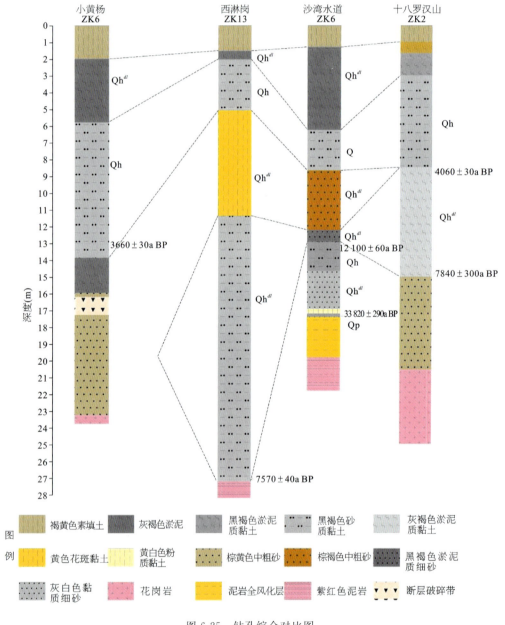

图 6-25 钻孔综合对比图

表 6-5　小黄羊—十八罗汉山钻孔信息表

钻孔编号	x	y	孔深(m)	钻孔方向(°)	钻孔目的
小黄羊 ZK6	19732103	2466608	23.8	90	断裂验证孔
西淋岗 ZK13	19726070	2545702	50.3	90	断裂验证孔
沙湾镇道 ZK6	19741448	2535468	50	90	断裂验证孔
十八罗汉山 ZK2	19747652	2522567	26.3	90	断裂验证孔

上述钻孔岩性层位特点,见前文描述。通过上述钻孔岩性分析,结合^{14}C 测年结果,参照区域第四纪地层分布及沉积厚度等规律,对上述钻孔岩性对比(图 6-25),发现自晚更新世以来,测区第四系沉积厚度差别极大,从西南-北东具有如下特点。

(1) 沙湾水道 ZK6(③层)显示,在风化残积层之上堆积厚约 20cm 的灰褐色细砂、中砂层,其^{14}C 年龄显示为 33 820±290a BP,时代为晚更新世,相当于深海氧同位素 MIS2-MIS2,显示气候从温热—温凉转变。该层显示,在末次冰期晚期阶段,研究区番禺以南区域开始发生沉陷,其对应为 NW 向活动断裂的进一步扩张,在 NE 向不均一拉张作用的影响下,该区域持续沉降,达到海侵范围,沉积了该套冲积—海积组合。对应区域地层,该层应该置于西南镇段(Qp^x)。

(2) 沙湾水道 ZK6(④层)显示,为黄白色粉质黏土、紫红色花斑状黏土等,其上第⑤层为灰白色中砂—细砂层,其厚度为 2.55m。其层位属于西南镇段(Qp^x)之上,区域对比,其为三角层(Qp^y)。时代属于晚更新世。该套组合属于海退序列沉积,反应在三角层沉积是,地壳有明显的抬升,海水暂时退出,区域上构成海退序列。

(3) 沙湾水道 ZK6(⑥层)显示,岩性为黑褐色—灰白色粉砂质黏土,呈可塑状,其中可见炭屑及成层的腐木。区域对比应为,该层属于杏坛段(Qh^{xt})。在该层 13.73~13.85m 处,^{14}C 年龄显示为 12 100±60a BP,其时代应该属于全新世早期。该套组合同三角层一样,同属海退序列沉积。该层厚 1.8m。

(4) 横栏段(Qh^{hl})在沙湾水道及西淋岗钻孔上,表现厚度差别极大。沙湾水道 ZK6 显示,在杏坛段(Qh^{xt})之上沉积厚约 0.7m 的黑灰色淤泥层,该套组合属于横栏段(Qh^{hl})。此外,西淋岗 ZK13 反应,该时期堆积厚度约为 15.5m,主要为灰褐色粉砂质黏土层。其底部^{14}C 年龄显示为 7570±40a BP,时代为中全新世。十八罗汉山 ZK2 显示,该时段沉积组合为深灰色、灰褐色淤泥质黏土层,其代表海侵序列沉积组合,底部^{14}C 年龄显示为 7840±30a BP,时代与西淋岗所揭示的接近,同属中全新世沉积。以上对比说明,中全新世时期,该区域地壳曾发生大面积下降,其造成北西向不同程度下陷,西淋岗处下陷较深,约为 15.5m,向南东越过番禺断隆,到达沙湾水道,下陷速率微弱,约为 0.7m;到十八罗汉山一带,下陷约为 6.5m。该结论同图 6-22 所揭示的沉积等厚线趋势一致。

(5) 东升层(Qh^d)不整合覆盖于横栏段之上的陆相风化产物,岩性为灰黄色、浅黄色、褐黄色黏土、粉砂质或砂质黏土,富含铁质氧化物。沙湾水道 ZK6(⑧层)显示,该层厚约 3.6m;西淋岗 ZK13 揭示,在横栏段之上不整合覆盖厚约 6.5m 的花斑黏土层,显示该时段地壳整体抬升,北东向拉张逐渐减弱。

(6) 万顷沙段(Qh^w)为覆盖在东升层之上的海-陆交互项沉积。该层在三角洲内部广泛发育。斗门县小黄羊 ZK6 揭示,该时期主要为灰褐色砂质黏土,厚度约 8m;西淋岗一带沉积相当,厚度约 3m;沙湾水道 ZK6 显示沉积厚度约 2.6m;十八罗汉山一带为 5.5m,以上沉积厚度表明,该时段地壳升降速率具有明显差异,斗门一带,下降速率较快,反应盆地向南东方向逐渐扩张,继而北西、北东向断裂交互作用,陆内裂陷持续发育,造成该处沉积厚度较大缘故。盆地北部及番禺以南区域,虽然 NE 向拉张作用持续进行,但其活动性已经大大减弱,特别是在番禺断隆以南区域表现尤为显著。沿沙湾水道向南东,十八罗汉山一带,沉降幅度增大,反应盆地南东方向一带活动性增强。该段属于全新世后期,小黄羊 ZK6 揭示该层底部为 3660±30a BP。

(7) 灯笼沙段(Qh^{dl})为区内最新的一套深灰色粉砂质淤泥及粉砂质黏土沉积。由深灰色、灰黄色淤泥、粉砂质淤泥、粉砂质黏土、砂质黏土及细砂层组成。小黄羊 ZK6 显示沉积厚度约 3.8m;西淋岗沉积厚度约为0.45m；沙湾水道沉积厚度约5.3m；十八罗汉山沉积厚度约为2m。^{14}C年龄为1390±70～2350±90a之间，时代属于晚全新世。

三、地壳升降速率阶段划分

根据上述沉积厚度对比分析，研究区自晚更新世以来地壳经历了多次升降运动。通过年龄样、沉积速率，结合区域对比分析，将研究区地壳抬升、下降划分为如下几个阶段。

46 000～30 000a BP，该时段属于末次冰期晚期，对应深海氧同位素MIS2-MIS2阶段，该时期沙湾水道ZK6揭示为在残积风化层之上沉积厚度约为20cm的灰黑色细砂、中砂层，其中化石稀少，通过区域对比分析，该层置于西南镇段（Qp^x）。沉积相分析表明，该层沉积属于河流相沉积，反应区域地壳处于抬升阶段。此后，整个珠江三角洲底部基本暴露出海面，在西南镇段之上继续沉积了三角层（Qp^y）。结合测年资料概算，该时段地壳抬升速率为0.71mm/a。

30 000～18 000a BP，该时期为末次冰期晚期，该时期区内发生了大面积海侵事件，而较高的内陆山区或三角洲边缘，依然属于陆相沉积。该时期地壳主要表现为整体下降。该时段没有详细的测年资料对比，故地壳下降速率不明。

18 000～12 000a BP，该时段属于海陆交互相沉积。沙湾水道ZK6揭示，在三角层之上，沉积了厚度约为1.8m的黑褐色—灰白色黏土层，其中含有大量腐木及炭屑。该时期地壳总体处于抬升阶段，更具沉积物厚度及测年估算，该时段抬升速率约为0.3mm/a，地壳抬升速率相对缓慢。

12 000～2500a BP，该时期属于全新世早中期，气候转暖，迎来了大面积海侵，全新世海相沉积除了灯笼沙段（Qh^{dl}）之外，在所有钻孔中都有揭露。该时期地壳显示区域性的下降。该时期可以分为1个半旋回，其中在7500～5000a BP之间，地壳曾有短暂的抬升，沉积了东升段（Qh^d）风化层，随后进入海陆交互相沉积时期。沙湾水道在该时段沉降速率约为0.15mm/a；而西淋岗在7570～7000a BP之间，最大沉降速率可达27.1mm/a。在7500～5000a BP之间，地壳发生了抬升，沙湾水道ZK6及西淋岗ZK13均有揭示，该时段地壳抬升速率分别约为1.44mm/a及3.22mm/a，反应西淋岗地区地壳下降、抬升速率较大特点。这与该区域北西、北东向断裂交会有关。

2500a BP以来，区域基本脱离了海侵影响，在三角洲边缘靠近海岸处可能还有海相沉积，诸如斗门钻孔揭示。该时期地壳总体处于缓慢抬升阶段，局部地段受差异运动影响，可能还有沉陷持续。以上钻孔对该时期沉积均有揭示，表现为地壳不均一抬升。斗门小黄羊抬升速率约为3.95mm/a，西淋岗为0.47mm/a，表明该处在2500a BP以来，地壳基本处于稳定阶段。沙湾水道抬升速率约为5.52mm/a，十八罗汉山为2.08mm/a，以上分析说明，沙湾断裂带在2500a BP以来，从西淋岗—十八罗汉山沿南东方向，断裂活动所造成的地壳差异升降有别，具体沉降速率符合前述断块差异升降。

第三节　构造活动序次及演变

研究区内北西向断裂主要为西江断裂、沙湾断裂。本章节讨论的构造活动序次、活动特征等，可能会受到北东向断裂的影响。通过区域对比分析，一般认为区内北东向断裂形成时代早于北西向断裂，所以，本书前述的构造点特征等仅视为北西向活动构造的证据。借助野外调查的断裂的几何学特征及节理分布特征，在大范围测年以及罗汉山等典型构造解析的基础上，参照第四系沉积物形成特点，建立该区域活动构造演化序列。

1. 构造活动测年证据

本书结合总项目需要，在重要断裂破碎带中采样做年龄测试，此外收集前人分析测试结果。目前西江断裂、沙湾断裂有测试年龄样共计27，测试手段为TL及ESR测年，其结果如表6-6所示。

表 6-6 测区北西向断裂测年结果表

序号	地点	断层物质	年龄(ka)	测试方法	数据来源	控制断裂
1	隔田1	断层泥	285	ESR	武汉地质调查中心	西江断裂
2	隔田2	构造岩	424	ESR	武汉地质调查中心	西江断裂
3	九江河段	断层泥	44.2	TL	武汉地质调查中心	西江断裂
4	了哥山1	断层泥	49.5	TL	吴业彪等,1999	西江断裂
5	了哥山2	断层泥	99.7	TL	吴业彪等,1999	西江断裂
6	了哥山3	构造岩	146.6	TL	吴业彪等,1999	西江断裂
7	岐样里1	断层泥	95	TL	吴业彪等,1999	西江断裂
8	岐样里2	断层泥	100.6	TL	吴业彪等,1999	西江断裂
9	横坑里	断层泥	285.6	TL	吴业彪等,1999	西江断裂
10	天台山	构造岩	443	ESR	武汉地质调查中心	西江断裂
11	斗门水磨岩	构造岩	200.8	TL	黄玉昆等,1992	西江断裂
12	鸡啼门	构造岩	79.3	TL	王业新等,1992	西江断裂
13	挂锭角	构造岩	354.3	TL	张虎男等,1990	西江断裂
14	小黄杨	断层泥	360	ESR	武汉地质调查中心	西江断裂
15	磨刀门钻孔	断层泥	23.4	TL	陈国能等,1995	西江断裂
16	西淋岗1	断层泥	528	ESR	武汉地质调查中心	沙湾断裂
17	西淋岗2	断层泥	706	ESR	武汉地质调查中心	沙湾断裂
18	番禺横江	断层泥	535.4	TL	广东省地调院	沙湾断裂
19	沙湾水泥厂	构造岩	484	TL	佛山地质局	沙湾断裂
20	大岗采石场1	未压碎方解石	71.3	TL	中山大学	沙湾断裂
21	大岗采石场2	压碎方解石	56.6	TL	中山大学	沙湾断裂
22	大岗罗汉山1	未压碎方解石	97	ESR	武汉地质调查中心	沙湾断裂
23	大岗罗汉山2	未压碎方解石	113	ESR	武汉地质调查中心	沙湾断裂
24	大涌采石场	断层泥	115.38	TL	中山大学	沙湾断裂
25	黄山鲁1	构造岩	174	TL	广东省地震局	沙湾断裂
26	黄山鲁2	构造岩	102	TL	广东省地震局	沙湾断裂
27	黄山鲁3	构造岩	283	TL	广东省地震局	沙湾断裂

通过表 6-6 分析可见,西江断裂测年范围在 23.4～443ka 之间,年龄最新的 23.4ka 位于磨刀门钻孔,可能代表了西江断裂最新的一次活动记录。此外,晚更新世晚期(75～10ka)以来的占据 3 件,晚更新世早期(130～75ka)为 4 件,中更新世晚期(300～130ka)为 4 件,中更新世中期(600～300ka)为 4 件。以上分布说明,西江断裂活动主要集中在中更新世中期—晚更新世早期(600～75ka)之间(图 6-26)。

沙湾断裂测年样品共计 12 件,其中未见有全新世年龄样;晚更新世晚期(73～10ka)2 件,晚更新世早期(130～75ka)4 件,中更新世晚期(300～130ka)2 件,中更新世中期(600～300ka)3 件,中更新世早期(780～600ka)1 件(图 6-26)。

上述分析可见,研究区断裂测年主要集中在中更新世—晚更新世之间,这与该区域盆地形成及演变紧密联系。

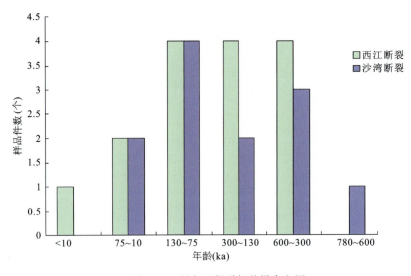

图 6-26　研究区断裂年龄样直方图

2. 构造活动演变

研究区域在经历了加里东运动大陆裂解-陆内裂谷沉积阶段,其后海西-印支运动使陆内沉积及基底发生变形;中新生代,随着太平洋板块对欧亚板块的碰撞俯冲作用,本区进入大陆边缘活动带发展时期。在白垩纪时期,燕山运动导致大量花岗岩侵入及大规模的断裂作用,形成了内陆盆地。渐新世至中新世的喜马拉雅运动第一幕又使地壳发生强烈变形,并抬升遭受剥蚀。上新世的喜马拉雅运动第二幕表现为强烈的继承性断裂活动,并在晚更新世早期引起断块差异升降。由于总体上以沉降为主,在晚更新世中期珠江三角洲地区演化成断陷盆地,至此平原基底形成。随后发生的多期海侵-海退,并伴有构造活动,其共同控制了珠江三角洲的形成演变。根据上述断裂构造测年资料,结合野外调查断裂点特征,同时考虑第四纪地层沉积厚度的纵向、横向变化及沉积相特征等因素,对测区活动断裂活动性由老至新划分为 6 个阶段(图 6-27)。

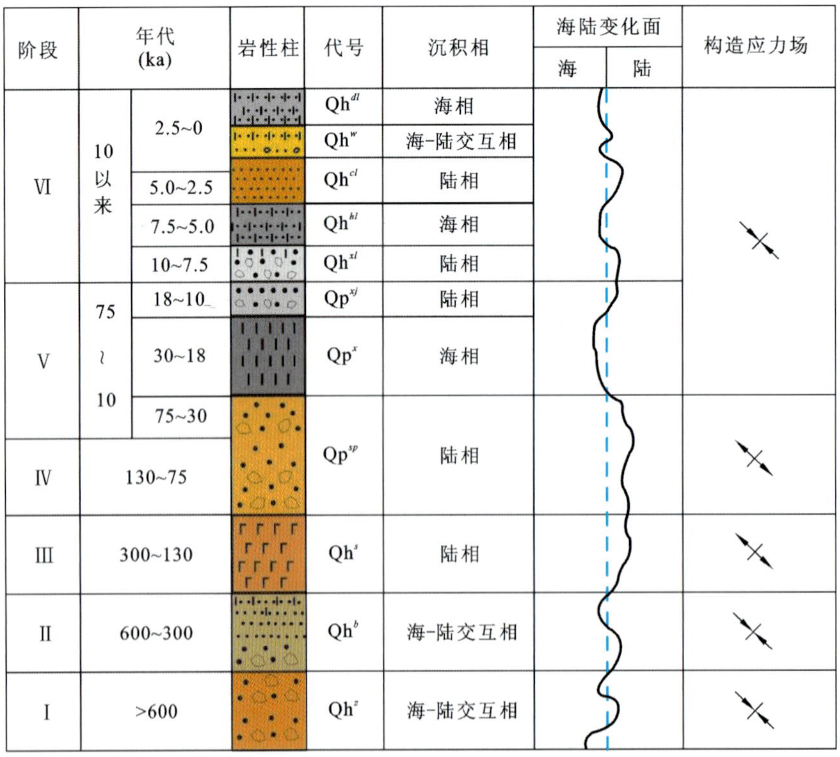

阶段	年代 (ka)	岩性柱	代号	沉积相	海陆变化面 海 陆	构造应力场
VI	10以来		Qh^{dl}	海相		
	2.5~0		Qh^w	海-陆交互相		
	5.0~2.5		Qh^{cl}	陆相		
	7.5~5.0		Qh^{hl}	海相		✕
	10~7.5		Qh^{xl}	陆相		
V	75~10	18~10	Qp^{xj}	陆相		
		30~18	Qp^x	海相		
		75~30				
IV	130~75		Qp^{sp}	陆相		✕
III	300~130		Qh^r	陆相		✕
II	600~300		Qh^b	海-陆交互相		✕
I	>600		Qh^z	海-陆交互相		✕

图 6-27　研究区活动断裂演变及地壳升降变化模式

Ⅰ阶段(>600ka)：该时期属于中更新世早期，区内地壳总体处于抬升趋势，在湿润的气候环境下，形成湛江组(Qpz)和早期玄武岩之风化壳（石康风化期）。随后在该区又产生短暂的海侵，沉积北海组(Qpb)下部砂砾层，以假整合覆于湛江组及早期玄武岩之上。在前期区域构造运动的基础上，研究区继承早期的断裂活动，北西向的区域挤压，北东向的走滑拉张，盆地进一步演化，部分地段继承北西向断裂活动。在沙湾断裂带西淋岗地区获取两件北西向断裂带断层泥 ESR 测年结果，分别为 706 ± 92 ka、528 ± 63 ka，断层通过的地层属于早白垩世白鹤洞组(K_1b)及燕山期二长花岗岩。而该断裂又与北东向断裂交会，在北东向断裂带上发现第四纪错断面，经过槽探、地貌等揭露，认为是重力滑塌成因（董好刚等，2012）。所以，北西断裂活动的最早时限为中更新世早期，其可能在中更新世中期亦有活动。

Ⅱ阶段(600~300ka)：该时期属于中更新世中期，此时地壳运动较前一时期频繁，出现快速的海侵-海退事件。由于构造的差异性运动，局部北海组(Qpb)出露海面，接受风化剥蚀。该时期，西江断裂受断块差异运动的影响，在继承早期北西向断裂的基础上，发生了明显的活动。西淋岗断裂(F009)断层泥 ESR 揭示该时期曾有活动痕迹(528 ± 63ka)；此外，番禺横江所见的大乌岗断裂断层泥 TL 年龄为 535.4 ± 37ka，以上两者揭示的时间极为接近，反应该时段在沙湾断裂的中部地区，断裂活动性较为显著。此后，在隔田、天台山、沙湾水泥厂等地获取的年龄样表明，该时段断裂活动相对频繁。此外，从测年样品分布位置来看，该时段断裂活动具有从南西向北东演变的特点。另外，该时段在斗门小黄羊、挂锭角等获取的年龄分别为360ka、354.3ka，两者年龄较为接近，反映该时段西江断裂活动较为频繁，其也记录了中更新世中期西江断裂的首次活动。

Ⅲ阶段(300~130ka)：该时期属于中更新世晚期，地壳运动较前一时段相对减弱，部分地区发生海侵。在琼北地区形成了石卯岭组(Qps)火山岩，反映该时期区域构造应力场可能发生了调整，从北西-南东向挤压，转变为北西-南东向拉张，前三角洲向南东方向扩展，在琼北一带伴随地壳抬升，形成了多处火山活动，其喷发产物不整合覆盖在北海组(Qpb)之上，时代为中更新世晚期。该时期断裂继承早期断裂活动，在横坑里、隔田断层泥测年显示，在285ka左右，西江断裂在江门段活动较为频繁，该段处于西江断裂中段，反应在中更新世晚期，西江断裂中段开始活动。此时，在沙湾断裂黄山鲁一带，东涌-黄山鲁断裂也开始活动。野外调查露头显示，在黄山鲁一带，断裂活动呈负地形，断裂上盘具有较强的碎裂岩带，下盘则为$S\gamma$，其中节理裂隙明显，这可能是后期活动的产物。而早期活动则可能形成较宽的碎裂岩带。之后，在200ka左右，斗门水磨岩钻孔断层泥 TL 揭示，西江断裂在200.8ka左右有活动记录，同时在黄山鲁断裂174ka也有活动，这可能是如今保存的各类节理、裂隙较为清晰记录的反映。在中更新世晚期末期，西江断裂中段了哥山开始有活动，此时断裂形成的北西走向的石英脉，多被后期的节理切割，该类脉体多为张性充填脉体，倾向北东，倾角较陡，表面多有褐铁矿化蚀变。据此判别，早期断裂活动可能处在北东-南西拉张作用的应力场下，形成一系列北西走向的拉张裂隙，后被充填。这也是该时段区内断裂差异升降所致。

Ⅳ阶段(130~75ka)：晚更新世早期，区内继承了中更新世末期的差异性构造运动。局部地区发生海退，使雷琼北部湾地区北海组、中期玄武岩和其他地区前第四纪地层在湿沼气候条件下形成风化壳（合流风化期），部分地段形成了石排组($Qp\tilde{s}p$)砂、砾石堆积。该时期断裂活动较为频繁、强烈，对三角洲形成、演化具有重要意义。大岗罗汉山等开始活动(115.36~113ka)，其活动均属于沙湾断裂的南东段；此后黄山鲁也开始活动(102ka)，活动方向向北东方向偏移。西江断裂在该时段活动较为集中，主要分布在断裂中段，时间约为106~95ka，南部鸡啼门一带在79.3ka也有活动记录。以上说明，在晚更新世晚期，西江断裂中段、南段活动较为显著；沙湾断裂则表现为南东段活动较强，而且活动方向由南西向北东逐渐增强。这可能与区域南北挤压应力作用下发生的左旋偏转有关。

Ⅴ阶段(73~10ka)：该时期属于晚更新世晚期，是珠江三角洲形成、演化的重要时期。该时期处于大理冰期（玉木冰期），全球性气候变冷，导致海面下降，陆地范围扩大。整个珠江三角洲地区多暴露在海平面之上，局部地区在河口地带形成陆相砂砾石堆积层。此地气候环境一直持续到30ka有所改观。在49.3~44.2ka之间，西江断裂在了哥山、九江等地均有明显活动。而于鸡啼门水道底部^{14}C 年龄为35.09ka，说明该水道在第一次海侵前已经形成，该河段一直处于拉张沉降阶段。沙湾水道 ZK6 揭示在残积风化层之上沉积西南镇段（Qp^x），沉积相显示其属于河流相沉积，反应地壳处于抬升阶段。^{14}C年龄显示为33.8ka，与鸡啼门水道沉积年龄极为接近。

从30～18ka以来，珠三角地区迎来了第一次海侵，此时西江不经磨刀门出海；东江不经狮子洋出海，而是在沙湾附近与北江相汇；潭江分两支，一支大致沿五桂山北麓断裂向东流，另一支沿现今的西江南段再向西南汇入崖门（姚衍桃等，2008）。在三角洲内部，则广泛形成了西南镇段（Qp^x）砂质黏土、淤泥等碎屑沉积。该时期地壳总体趋于下降。该时期地壳活动，从磨刀门钻孔断层泥TL测年显示，在23.4ka西江断裂还有明显活动。

16～10ka以来，地壳又发生差异的抬升，三角洲内部广泛形成了三角层（Qp^{sj}）沉积，其特征为浅灰—灰白—黄白—红黄色花斑黏土层，时代为晚更新世晚期—早全新世。该套风化碎屑组合，反应区域地壳抬升的特点。

Ⅶ阶段（10ka以来）：进入全新世，区域地壳发生多次升降，其特征可以分为2个旋回。

10～7.5ka期间，区域地壳虽然逐渐下降，但大部分还处于暴露阶段，此时在三角洲大部分地区沉积了一套海退序列组合，岩性特征底部为淤泥、细砂，向上过渡到灰黄、灰白色含砾粗砂，具有反粒序特征。其属于杏坛段（Qh^{xt}）组合，时代属于早全新世。

7.3～5.0ka，此时期为全新世大暖期，发生了测区最大一次海侵，主要沉积深灰—灰黑色淤泥、粉砂质淤泥夹粉砂及粉砂质黏土，其属于横栏段（Qh^{hl}）组合。地壳总体趋于下降，从西淋岗ZK6、沙湾水道至十八罗汉山，受地壳差异升降所致，北东-南西向拉张造成不均一下陷，西淋岗处下陷较深，约为15.5m，向南东越过番禺断隆，到达沙湾水道，下陷速率微弱，约为0.7m；到十八罗汉山一带，下陷约为6.5m。其中在7.3～7.0ka期间，西淋岗地区最大下陷速率可达27.1mm/a。

5.0～2.5ka，区域地壳逐渐开始抬升，部分快速暴露出水面，形成了东升层（Qh^d）海退序列组合，其主要特征为浅风化的灰黄色、浅黄色、褐黄色黏土、粉砂质或砂质黏土，富含铁质氧化物，其代表了陆相风化产物。

2.5ka以来，地壳开始缓慢下降，在东升层（Qh^d）顶部沉积了一套海-陆交互相的砂、粉砂淤泥及黏土层，其属于万顷沙段（Qh^w）组合。至2.0ka，达到了区内第三次海侵，沉积了深灰色粉砂淤泥，其中含有大量海相生物碎屑，其属于灯笼沙段（Qh^{dl}）组合。

3. 现代地震活动及大地形变测量

如前所述，由于珠江三角洲地区活动断裂发育，地震发生往往沿活动断裂进行，故此该区域地震情况长期受到有关部门的特别重视。

现有研究资料表明：珠江三角洲地区自从公元1372年至2008年，记录到历史破坏性地震（$M \geqslant 4.7$）10次，其中4级地震4次、3～5.9级地震5次、6级地震1次，最大地震为1911年海丰外海域6级地震。

通过综合分析1970—2000年该区地震活动数据（秦乃岗等，2003），认为珠江三角洲是一个弱震区，地震频次较低，30年内年均次数不到10次，最大震级仅为4.5级。应变能释放曲线形态与东南沿海地震带总体趋势一致，故其成为东南沿海地震带区域应力场的调整单元。目前，地震活动处于剩余释放阶段，在未来20～30年内才进入下一周期的平静阶段（余成华，2010）。

现有大地测量表明，珠江三角洲地区的广州、中山、澳门、深圳范围为下降区，最大下降速率在-2～3mm/a之间，是广东沿海岸下降最明显的地区。此外，区域现今垂直形变特征明显受该区大规模的北东向构造带所控制，但垂直形变幅度相对较小，无明显的高速度梯度带。据1956—1989年的地壳形变测量，珠江三角洲以沉降为主（速率1.3～2.0mm/a），其邻区则以上升为主。

研究区除了垂直形变之外，GPS水平形变测量研究发现，研究区受欧亚板块、菲律宾板块等共同作用，发生南东向水平形变，其运动速率为6.0～15.9mm/a，平均为8.4mm/a。主压应变为北北西-南南东方向到近北-南方向，主压应变率从北向南逐渐增大。

第七章　结论及建议

在计划项目组的科学组织和统一安排下,工作项目组较好地完成了项目总体目标任务和年度工作任务,达到了调查评价珠三角北西向活动断裂预期的目的。建立了目标区第四纪主要地貌体、地层特征及形成时代划分依据;确定珠三角北西向主要断裂的主体分布;三是通过重点构造剖面的地质地貌调查、探槽开挖揭露、物化钻探、测年等手段分析西江断裂和沙湾断裂的活动性;对广从断裂西淋岗段重要露头点进行了深入研究,调查评价取得了重要进展,为经济区城市规划、社会稳定和地震地质的开展具有重要的指导意义。

按照总体目标任务和年度任务书的要求,经过几年的努力,较好地完成了各项任务,取得了如下主要认识及成果。

1. 系统总结了珠三角地区新构造运动的基本特征,进一步完善了珠三角地区第四纪地质地貌形成时代与特征的对比分析

(1) 珠江三角洲受断裂的切割,形成多个垂向上具有不同运动方向或运动速率的断块,使得珠江三角洲地区的新构造运动以断裂活动和断块差异升降运动为主要特征。综合区内主要断裂、第四系厚度、地貌特征、地震活动及地壳垂直形变,把珠江三角洲划分为 7 个断块(5 个断陷和 2 个断隆):西北江断陷、万顷沙断陷、东江断陷、新会断陷、灯笼沙断陷、番禺断隆和五桂山断隆。斗门断块区和广州-番禺断块区这两个次级断块构造以及围限它们的广州-从化断裂、三水-罗浮山断裂、西江断裂、沙湾断裂的活动性相对较强。

(2) 在前人的研究成果基础上,根据西淋岗、番禺石楼和眉山地区第四系野外出露特征,系统的 OSL、^{14}C 测年数据,沉积相分析,相邻第四系剖面对比将珠江三角洲地区的沉积旋回做如下划分。珠江三角地区晚第四纪沉积自下而上可分为前三角洲(对应石牌组 Qp_3^a)、老三角洲(对应西南组 Qp_3^b)、后三角洲(对应三角组 Qp_3^c)和新三角洲 4 个沉积旋回,先后经历过两次海侵:第一次发生于晚更新世中期,距今约 40～20ka,第二次海侵发生于全新世,两次海侵先后形成老、新三角洲两个沉积旋回。

(3) 查清了河流阶地、夷平面和海蚀阶地等主要第四纪地貌体的特征和形成时代。

2. 基本查清了珠江三角洲主要北西向断裂的主体分布

(1) 西江断裂基本沿西江下游的北西向河谷地区发育,总体走向北西 310°～330°,倾角大于 50°。根据断裂不同段落的几何形态和运动学等特征可将西江断裂分成北段、南段和中段,其中北段主要由丹灶断裂(F001)、富湾断裂(F002)组成;南段主要由大敖断裂(F005)、白蕉断裂(F006)组成;中段主要由了哥山断裂(F003)、九江断裂(F004)组成。

(2) 沙湾断裂发育于三水盆地北东边界,总体走向 320°,倾向南西,倾角大约 50°～80°。该断裂主要由下列断裂组成:白坭-陈村-万顷沙断裂(F007)、里水-沙湾-蕉门水道断裂(F008)、青萝嶂断裂(F009)、大乌岗断裂(F010)、黄圃断裂(F011)、罗村-洪奇沥(F012)、紫泥-灵山断裂(F013)、大岗-横沥断裂(F014)。以上断裂在地表出露露头零星,从北到南,在白坭、莲塘、官窑、松岗、沙湾、南村、大岗等地零星出露,其余多被第四系覆盖。其中白坭-陈村-万顷沙断裂(F007)、里水-沙湾-蕉门水道断裂(F008)为其主断面所在。

(3) 狮子洋地区的断裂构造主要为北北西向,包括化龙-黄阁断裂、文冲-珠江口断裂和南岗-太平断裂,此外尚有一系列与之平行或大体平行的次级断裂。该组断裂面倾角一般较陡,多超过 50°,平面上呈雁行状排列、剖面上则表现为上盘下落,多条断裂的综合效应表现为阶梯状断层。

3. 对西江断裂、沙湾断裂的第四纪活动性的评价

1) 西江断裂

(1) 地质地貌和浅层地震探测、联合钻孔验证均未发现断裂切割第四纪地层现象,故西江断裂主要分支 F001—F005 均未发现断裂活动证据。第四纪地貌与西江断裂耦合性特征及历史地震情况表明,目前西江断裂新构造运动以渐进性抬升或下沉为主,局部通过小震释放能量。

(2) 从磨刀门形成演化历史、已有测年数据、地震活动,并结合跨磨刀门联合钻孔验证资料分析,大敖断裂(F005)在磨刀门附近的钻孔发生沉降速率突变现象,所以该段断裂具有一定活动性,但即使钻孔之间的沉降速率差是由断裂活动引起的,其形变值也只有 2.95mm/a,而远小于临震时的突变速率(约 10 倍于该值),故将该段定义为弱活动断裂。

(3) 综合研究认为,西江断裂整体上为弱活动断裂,南段分支 F005 磨刀门附近需重视。

2) 沙湾断裂

(1) 地质地貌和浅层地震探测、联合钻孔验证均未发现断裂切割第四纪地层现象,不同方法的测年数据也显示其不同地段的数值大多大于 10 万年。

(2) 沙湾断裂分支紫泥断裂罗汉山附近的地质地貌调查、测年资料、钻孔构造解析和探槽开挖、氡气测量结果显示该区全新世以来仍具有拉张特征,但活动性较弱,为弱活动断裂。

(3) 从部分测年数据、氡气测量结果及震源机制解分析,沙湾断裂分支陈村-断裂晚更新世以来具有一定活动性,但 1∶50 000 地质地貌调查并未发现切割晚更新世地层,该段断裂活动性仍需进一步研究。

(4) 综合研究认为,沙湾断裂整体上为弱活动断裂,沙湾断裂分支紫泥断裂罗汉山附近需重视。

4. 对广东省国计民生影响较大的广从断裂西淋岗段重要露头点第四纪活动性进行了深入研究,对其成因得出了重力滑动的结论

(1) 佛山西淋岗出露的近南北向基岩断裂没有晚第四纪以来活动的地质、地貌证据。

(2) 西淋岗发现的"第四纪活动断裂"不是构造活动成因,而是重力失衡形成的裂隙或滑动面,与古滑坡和现代滑坡有关。

(3) 西淋岗第四系砂土层覆盖在顺坡倾斜的花岗岩风化壳上,在第四纪地层中不存在由于断裂活动产生的构造不整合。

5. 进行了珠三角地区北西向活动断裂调查评价构造解析,在构造分期和新构造运动期次上取得了一些新的认识

(1) 野外统计分析了 170 组节理裂隙,根据节理特征及在不同岩组形态、相互切割关系等,建立了不同时期区域构造应力场;通过典型露头解析,结合节理分期配套特征,初步分析其构造序次。

(2) 根据断裂构造测年资料,结合野外调查断裂点特征,同时考虑第四纪地层沉积厚度的纵向、横向变化及沉积相特征等因素,对测区活动断裂第四纪活动性由老至新划分为 6 个阶段。其中 Ⅱ 阶段(600~300ka)、Ⅳ 阶段(130~75ka)活动性较强。

6. 存在问题

由于时间、经费和自然条件的限制,项目在调查评价及技术方法方面还存在着一些问题。

(1) 在地质地貌调查方面,尽管我们调查的足够细致,但未发现珠三角北西向断裂活动的直接地质证据,或许真的就没有,还是调查方法问题?需要进一步探索。

(2) 研究结果尽管认为西江断裂大敖分支磨刀门附近、沙湾断裂紫泥分支罗汉山附近为弱活动断裂,但证据仍不够充分,沙湾断裂陈村分支的活动性也需要进一步的工作才能定性等。

(3) 由于样品测试周期问题,很多结果都在等待中,影响了断裂活动性的进一步评价。

（4）因为工作目标和任务的限制，北西向狮子洋断裂调查的精度还很不够，其第四纪活动性也有待于进一步的调查研究；另外，北西向断裂的活动性也需要北东及东西向断裂活动性的调查和研究同步进行，等等。

（5）活动构造研究，特别是第四纪以来的活动构造，其活动性在老断裂中较为难以识别。把握区内活动断裂的精确序次及活动速率，第四纪钻孔是良好的研究方法，但其前提条件是必须在同一活动断裂的上、下盘不同部位开钻揭露，同时需要精细的编录及测年，通过对比，即可判别断裂两盘的活动速率。建议在条件允许前提下，加大钻孔施工，进行补采样品测年，以期达到对比目的。

7. 建议

（1）从国土规划和工程建设的角度，我们建议在西江断裂南段大敖断裂分支磨刀门附近、沙湾断裂紫泥断裂分支周边进行适当考虑断裂弱活动的因素，而陈村西淋岗附近则为地壳相对稳定区域。

（2）从项目工作深入的角度考虑，对陈村断裂以及北西向的狮子洋断裂进行进一步的工作。继续珠三角活动断裂的深入研究，进一步探索珠三角活动断裂研究方法。

主要参考文献

陈国能,张珂,陈华富,等.珠江三角洲断裂构造最新活动性研究[J].华南地震,1995,15(3):16-21.
陈挺光.深圳断裂带基本特征及其现今活动性[J].广东地质,1989,4(1):51-61
陈伟光,魏柏林,赵红梅,等.珠江三角洲地区新构造运动[J].华南地震,2002,22(1):6-18.
陈伟光,张虎男,张福来.珠江三角洲地区新构造运动的年代学研究[J].地震地质,1991,13(2):212-219.
邓起东.城市活动断裂探测和地震危险性评价问题[J].地震地质,2002,24(4):601-605.
邓起东,徐锡伟,张先康,等.城市活动断裂探测的方法和技术[J].地学前缘,2003,10(1):92-104
邓起东,张培震,冉勇康,等.中国活动构造基本特征[J].中国科学(D辑),2002,32(12):1020-1030.
原地质矿产部第二海洋地质调查大队.南海地质地球物理图集[M].广州:广东省地图出版社,1987.
丁国瑜,田勤俭,孔凡臣,等.活断层分段原则、方法与应用[M].北京:地震出版社,1993.
董好刚,黄长生,曾敏,等.西淋岗第四纪错断面特征及其成因[J].地震地质,2012,34(2):312-324.
付潮罡.沙湾断裂带特征及其活动性研究[D].广州:中山大学,2010.
高维明,陈兆恩,任利生.中国活动断裂的基本特征[J].地震,1993,1:1-4.
广东省地质矿产局.广东省区域地质志[M].北京:地质出版社,1988.
韩喜彬,龙江平,李家彪,等.珠江三角洲脆弱性研究进展[J].热带地理,2010,30(1):1-7.
黄玉昆,陈家杰,夏法,等.珠海市区域稳定性的构造分析[J].中山大学学报论丛(自然科学),1992,27(1):15-24.
黄玉昆,夏法,陈国能.断裂构造对珠三角形成和发展的控制作用[J].海洋学报,1983(3):316-327.
黄镇国,李平日,张仲英,等.珠江三角洲——形成、发育、演变[M].广州:科学普及出版社广州分社,1982.
李纯清,梁芳,缪维城,等.1997年9月三水地震震相特征与发震构造[J].华南地震,1998,18(1):130-134.
李树德.活动断层分段研究[J].北京大学学报(自然科学版),1999,35(6):766-773.
李玉森.活动断层常用的研究方法[J].地壳构造与地壳应力文集(18),2006:169-175.
刘琼颖,何丽娟,黄方.华南中生代地球动力学机制研究进展[J].地球物理学进展,2013,28(2):632-647.
刘尚仁,彭华.西江的河流阶地与洪冲积阶地[J].热带地理,2003,23(4):313-318.
刘尚仁.珠江三角洲及其附近地区河流阶地的分布与特征——广东河流阶地研究之二[J].热带地理,2008,28(5):400-404.
刘以宣.华南沿海区域断裂构造分析[M].北京:地震出版社,1981.
刘以宣.华南沿海区域断裂成矿带的初步研究[J].大地构造与成矿学,1982,6(2):152-165.
刘以宣.珠江口—红海湾沿海的活动断裂[J].热带海洋,1983,2(3):172-181.
强祖基,张立人.中国第四纪活动断裂分区与地震活动性[J].地质学报,1983,4:356-368.
秦乃岗,刘特培.珠江三角洲地震活动的若干特点[J].华南地震,2003,23(4):43-53.
舒良树.华南构造演化的基本特征[J].地质通报,2012,31(7):1033-1053.
宋方敏,汪一鹏,李传友,等.珠江三角洲部分断裂晚第四纪垂直位移速率[J].地震地质,2003,25(2):202-210.
孙金龙,徐辉龙,李亚敏.南海东北部新构造运动及其动力学机制[J].海洋地质与第四纪地质,2009,29(3):61-68.
索艳慧,李三忠,戴黎明,等.东亚及其大陆边缘新生代构造迁移与盆地演化[J].岩石学报,2012,28(8):2602-2617.
万天丰.中国东部中、新生代板内变形构造应力场及其应用[M].北京:地质出版社,1993.
王萍,郭良田,董好刚,等.珠江三角洲广从断裂东侧"西淋岗断层"成因论证[J].岩石学报,2011,27(10):3129-3140.
王业新,李子权,彭承光,等.珠海市鸡啼门大桥桥址区断层的勘查研究[J].华南地震,1992,12(2):53-59.
闻学泽.时间相依的活动断裂分段地震危险性评估及其问题[J].科学通报,1998,43(14):1455-1466.
吴业彪,孙崇赤,葛加,等.西江断裂鹤山-江门段的构造活动性[J].华南地震,1999,19(3):60-65.
徐先兵,张岳桥,贾东,等.华南早中生代大地构造过程[J].中国地质,2009,36(3):572-593.
许志琴,杨经绥,李海兵,等.印度-亚洲碰撞大地构造[J].地质学报,2011,85(1):1-33.
许志琴,张国伟.中国(东亚)大陆构造与动力学——科学与技术前沿论坛"中国(东亚)大陆构造与动力学"专题进展[J].中国科学(地球科学),2013,43(10):1525-1538.
杨马陵.珠江三角洲未来几年地震危险性分析[J].华南地震,2001,21(4):13-20.

姚衍桃,詹文欢,刘再峰,等.珠江三角洲的新构造运动及其与三角洲演化的关系[J].华南地震,2008,28(1):29-40.
易顺民,唐辉明.活动断裂的分形结构特征[J].地球科学(中国地质大学学报),1995,20(1):56-62.
余成华.深圳市断层活动性和地震危险性研究[D].杭州:浙江大学,2010.
曾昭璇.珠江三角洲地貌发育[M].广州:暨南大学出版社,2012.
詹美珍,詹文欢,姚衍桃.基于人工神经网络的珠江三角洲地壳稳定性研究[J].华南地震,2010,30(3):11-20.
张国伟,郭安林,王岳军,等.中国华南大陆构造与问题[J].中国科学(地球科学),2013,43(10):1552-1582.
张合,扈本娜,刘国辉.综合物探方法探测城市隐伏活动断层的研究[J].工程地球物理学报,2012,9(6):776-780.
张虎男,陈光伟,等.华南沿海新构造运动与地质环境[M].北京:地震出版社,1990.
张虎男,郭钦华,陈伟光,等.西江断裂磨刀门段地质近期活动性研究[J].华南地震,1990,10(1):13-26
张虎男.珠江三角洲的北界何在[J].人民珠江,1982:16-21.
张静华,李延兴,郭良迁,等.华南块体的现今构造运动与内部形变[J].大地测量与地球动力,2005,25(3):55-62.
张珂,陈国能,庄文明,等.珠江三角洲北部晚第四纪构造运动的新证据[J].华南地震,2009,29(增刊):21-26.
张岳桥,董树文,李建华,等.华南中生代大地构造研究新进展[J].地球学报,2012,33(3):255-279.
张岳桥,徐先兵,贾东,等.华南早中生代从印支期碰撞构造体系向燕山期俯冲构造体系转换的形变记录[J].地学前缘,2009,16(1):233-247.
张志强,詹美珍,詹文欢,等.珠江三角洲区域地壳稳定性评价[J].热带地理,2012,32(4):363-369.
钟建强.珠江三角洲的活动断裂与区域稳定性分析.热带海洋[J].1991,10(4):29-35.
庄文明,陈培权,陈绍前,等.广州市1:250 000区域地质调查报告[R].广东省地质调查院,2000.
庄文明,刘建雄,李文辉,等.江门市、香港幅1:250 000区域地质调查报告[R].广东省地质调查院,2003.
Bakun W H,McEvilly T V,Recurrence models and Parkfield,California,earthquakes[J].Journal of Geophysical Research,1984,B89:3051-3058.
Beauval C,Hainzl S,Scherbaum F. Probabilistic seismic hazard estimation in low-seismicity regions considering non-Poissonian seismic occurrence[J].Geophysical Journal International,2006,164(3):542-550.
Carpenter B M,Marone C,Saffer D M. Weakness of theSan Andreas Fault revealed by samples from the active fault zone [J].Nature Geoscience,2011,4(4):251-254.
Chen Guoneng,Zhang Ke,Li Liufen,et al. Development of the Pearl River Delta inSE China and its relations to reactivation of basement faults[J].Journal of Geosciences of China,2002,14(1):15-24.
Cornnel C A. Engineering seismic risk analysis. Bull[J]. Seism SOC Am,1968,58:1582-1606.
Dong S W,Zhang Y Q,Long C X,et al. Jurassic Tectonic Revolution in China and New Interpretation of the "Yanshan Movement"[J]. Acta Geologica Sinica,2008,82(2):333-347.
Ellsworth W L,A physically based earthquake recurrence model for estimation of long-term earthquake probabilities[J]. US Geology Survey,1999,Open-File Rept:99-552.
Matthews M V,Ellsworth W L,Reasenberg P A. A Brownian model for recurrent earthquakes[J]. Bulletin of the Seismological Society of America,2002,92:2232-2250.
Morino1 M,Malik N J,Mishra P,et al. Active fault traces along Bhuj Fault and Katrol Hill Fault,and trenching survey at Wandhay,Kachchh,Gujarat,India[J]. Journal of Earth System Science,1998,117(3):181-188.
Nishenko S P,Buland R. A generic recurrence interval distribution for earthquake forecasting[J]. Bulletin of the Seismological Society of America,1987,77:1381-1399.
Northrup C J,Royden L H,Burchfiel B C. Motion of the Pacific Plate relative toEurasia and its potential relation to Cenozoic extension along the eastern margin of Eurasia[J]. Geology,1995,8:719-722.
Reid H F. The elastic-rebound theory of earthquakes[M]. California:University of California Press,1911.
Reid H F. The Mechanics of the Earthquake,v. 2 of the California Earthquake of April 18,1906. Report of the State Earthquake Investigation Commission:Carnegie Institution of Washington Publication.
SavageJ C,CockerhamR S. Quasi-periodic occurrence of earthquakes in the 1976—1986 Bishop-Mammoth lakes sequence,eastern California[J]. Bulletin of the Seismological Society of America,1986,77(4):1345-1358.
Shimazaki K,Nakata T. Time-predictable recurrence model for large earthquakes[J]. Geophysical Research Letters,1980,7:279-282.
Wang Y J,Zhang Y H,Fan W M,et al. Structural signatures and ^{40}Ar-^{39}Ar geochronology of the Indosinian

Xuefengshan tectonic belt,South China Block[J]. Journal of Structural Geology,2005,27:983-998.

Ward S N,Goes,Saskia D B. How regularly do earthquakes recur? A synthetic seismicity model for theSan Andreas Fault [J]. Geophysical Research Letters,1993,20(19):2131-2134.

Ward S N. A multidisciplinary approach to seismic hazard in southernCalifornia[J]. Bulletin of the Seismological Society of America,1994. 84:1292-1309.

Ward S N. A synthetic seismicity model for the Middle America Trench[J]. Journal of Geophysical Research,1991,96: 21432-21442.

Ward S N. A synthetic seismicity model forSouthern California cycles,probability and hazard[J]. Journal of Geophysical Research,1996,01: 22 392-22 418.

Ward S N. On the consistence of earthquake moment rates,geological fault data,and space geodetic strain:theUnited States[J]. Geophys J Int,1998,134:171-186.

Ward S N. San Francisco Bay Area earthquake simulations: a step toward a standard physical earthquake model[J]. Bulletin of the Seismological Society of America,2000,90(2):370-386.

Working Group on California Earthquake Probabilities. Earthquake probabilities in the San Francisco Bay Region,2000—2030[J]. A Summary of findings:U S Geological Survey Open-File Report,1999:99-517.

Working Group on California Earthquake Probabilities. Earthquake probabilities in the San Francisco Bay Region,2001—2031[J]. US Geological Survey Open-File Report,2003:2-214.

Working Group on California Earthquake Probabilities. Probabilities of large earthquakes in the San Francisco Bay Region [J]. California US Geol Surv Circ,1990:1052-1103.

Working Group on California Earthquake Probabilities. Probabilities of large earthquakes occurring in California on the San Andreas fault[J]. US Geological Survey Open-File Report,1988:86-398.

Yeat S R S,Sieh K,Allen C R. The Geology of Earthquakes[M]. New York an d Oxford:Oxford University Press,1997: 472-485.